しくみ図解

土木工事が一番わかる

すべてのインフラを支える土木工事のイロハを学ぶ

佐藤拓真 著

技術評論社

はじめに

「多くの人の役に立つ仕事がしたい」。著者が土木工学科に進学したいと思った理由です。現代の便利な暮らしはインフラが整備されることによって、安心・安全な暮らしが当たり前になっています。

『土木』という言葉を聞くと、古臭くて魅力的な言葉には聞こえないかもしれませんが、『土木』の仕事は世の中を陰から支えているなくてはならない学問だと思います。本書が少しでも土木の知識を増やすきっかけになれば嬉しいです。

本書はあくまでも土木工事の入門書として執筆しました。著者は大学の土木工学科を卒業して、建設会社で７年間汗をかきながら現場を駆けまわり働いてきました。直射日光で肌が真っ黒になる夏も、寒さで凍える冬も工事現場で働いてきたからこそ、理解できた知識が山ほどあります。泥臭く工事現場で働いてきた著者がそこで学んだこと、知っておくべきこと、後輩や部下に教えたことなどを本書に詰め込みました。工事現場で働く人だけではなく、これから土木の知識を得たい学生の助けになれば幸いです。

本書の内容については、誤りのないように確認いたしました。それでも、至らない点やお気づきの点がございましたらご指導いただけますと幸いです。

終わりに、写真を提供してくださった方々、イラストを描いてくださった方々には、この場をお借りして心からの感謝を申し上げます。

佐藤　拓真

土木工事が一番わかる

目次

コラム｜目次

第1章

土木工事とは

私たちの安心・安全な生活は土木構造物によって支えられています。土木工事は建設の中の１つに含まれ、主に木材や土石を使って橋や鉄道、道路、空港、ダムなど、土木構造物をつくることを目的にしたものです。また、構造物の設計や測量なども土木の仕事となります。本章では土木と建築の違いや、土木工事にはどんな種類があるのかについて理解しましょう。

1-1 建設業の特徴

●建設業とは

建設業は業界の規模や就業人数も多く社会情勢に与える影響が大きい業界です。建設業界の就業者数は、ピークの685万人(平成9年)から499万人(令和元年）と大きく減少しています。しかしながら、全就業者数に対する割合は7.4%といまだに多くの割合を占めています。また、全産業に比べて55歳以上の高齢化の割合と、29歳以下の若手技術者の割合は低い数字となっています（図1-1-1)。このような背景から、今後は、若手技術者への技術の伝承や継承が困難で、建設業の労働者の不足という現象が予想されています。

また、建設業界の投資額（図1-1-2）のピークは84兆円の平成4年度から一度は平成4年度に約半分程度まで落ち込みましたが、東日本大震災を始め復興支援や防災対策の重要性の観点から令和2年度は約63兆円となります。GDPに対する比率は10%前後でいまだに全産業の中に比べて、製造業に次ぐ一大産業であるといえます。

●建設工事とは

建設業の工事は請負契約という形態をとり、次のような特徴があります。

工事目的物が大規模

他の産業に比べると圧倒的に大きなものを扱うのが、建設業の一番の特徴です。公共性のあるものをつくるので、小さなミスが多くの人の危険につながり重大な欠陥につながるおそれがあります。

単品受注品で現地生産

１つ１つの構造物がオーダーメイドで、なおかつ現地で組み立てを行うことから、同じ条件で同じ形のものはありません。工場で大量生産するのとは、根本的には異なります。

寿命が長い

土木構造物は公共性が高く耐用年数が長いものになります。さらに、一度つくったものは簡単には壊したり、つくり直したりすることはできません。

自然を相手にする仕事

構造物をつくるのは自然の中である屋外での現地での生産になります。自然気象に大きく影響を受ける中で、工期が左右されると同時に品質の確保が求められます。

図 1-1-1　建設業就業者の年齢の推移

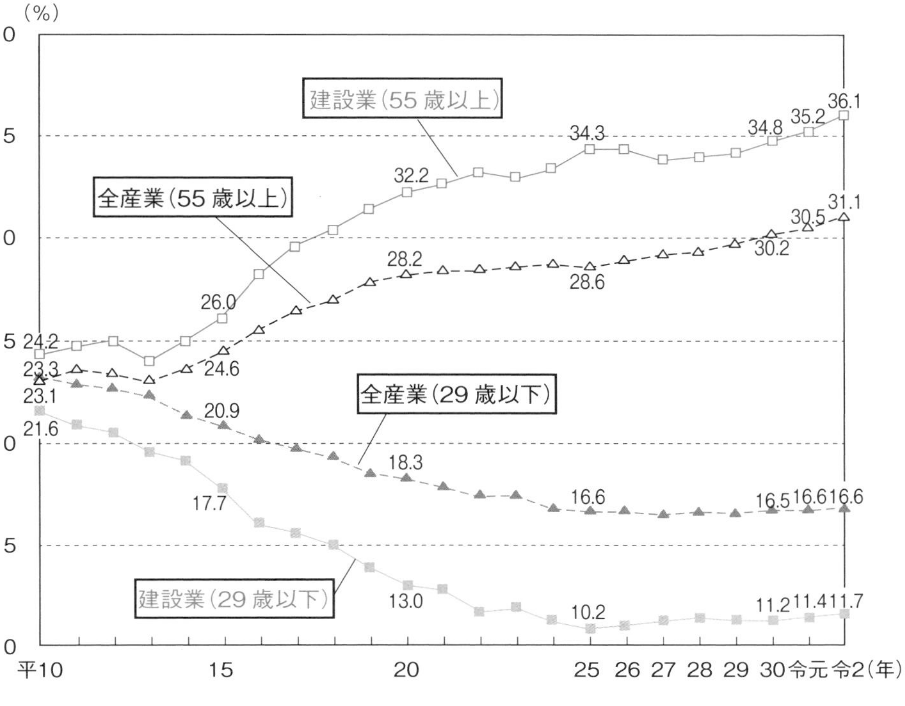

提供：一般財団法人全国建設研修センター

図 1-1-2　令和２年度　建設投資の構成

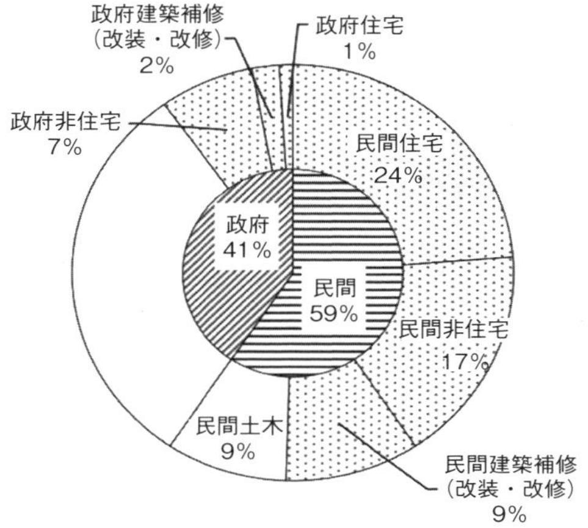

出典：国土交通省総合政策局建設経済統計調査室

土木工事の醍醐味

建設業で働いている人の共通の想いとして、工事が完成したときの達成感が大きいことだと思います。私が初めて赴任した現場でしゅん工した後に道路が開通して、車が走ったのを見たときは感慨深かったです。そのときは、工事で経験した苦労や大変だったこともすべて吹き飛ぶくらいの感動が押し寄せたのを覚えています。今でも車に乗って通るたびに当時の記憶が蘇ってきます。自分のやっていることが社会で必要とされているという感覚があるからこそ、辛いことや嫌なことがあっても頑張れました。いつか著者の子供にも「ここパパがつくった道路なんだよ」って、自慢したいなと思います。

1-2 土木構造物

●土木構造物とは

土木構造物とは、人々の安心・安全な暮らしを支えるための社会基盤施設そのものです。私たちの身の回りの生活は、電気・ガス・水道といったライフラインや、道路、ダム、橋、トンネルなど、多くの社会基盤施設の上に成り立っています。さらに、津波や高潮から守る防波堤や、集中豪雨による冠水から町を守るための地下貯留施設など、見えない部分で土木構造物は安心を提供しているのです（図 1-2-1）。

図 1-2-1　土木構造物のイメージ

●代表的な土木構造物

約2000年前の古代ローマ帝国時代に綺麗な水の確保を目的として約50kmの橋がつくられました（図1-2-2）。その中でも、フランスにつくられた水道橋が高い技術力をもってつくられた代表的な土木構造物です。電気のないこの時代にはポンプで水を汲むことができず、水を運ぶためには水路に高低差をつけて水を運ぶことしかできません。そのような課題がありながら、この水道橋は、1kmで34cmというわずかな傾斜しかとれない状態で建設されました。

図1-2-2　ローマの水道橋

●スエズ運河

1859年に建設が開始され、1869年11月に完成したスエズ運河。全長193.30kmにもなる人工運河です。ヨーロッパとアジアを結ぶ重要な運河です。この運河のおかげでヨーロッパとアジア間ではアフリカを周る必要がなくなるため、大幅な時間短縮につながります。

●インフラのフロー効果とストック効果

私たちの生活を支える社会資本を整備することは、フロー効果とストック効果の2つの効果があるといわれています。**フロー効果**は、社会資本を整備する際に公共事業となる工事自体によって生まれる雇用や、材料の需要、工事関係者による消費など直接的で短期的な経済効果をいいます。建設工事は現地生産であるため、工事自体が地域経済の発展に貢献します。

ストック効果は、整備された社会資本が機能することで中長期的に渡って得られる効果のことです（図1-2-3）。公共下水道や道路、高速道路の整備などは網目状に張り巡らせることで効果を発揮します。国土交通省は長期的な日本の経済成長のために、ストック効果が最大化するようにさまざまな取り組みを行っています。

図 1-2-3　インフラのフロー効果とストック効果

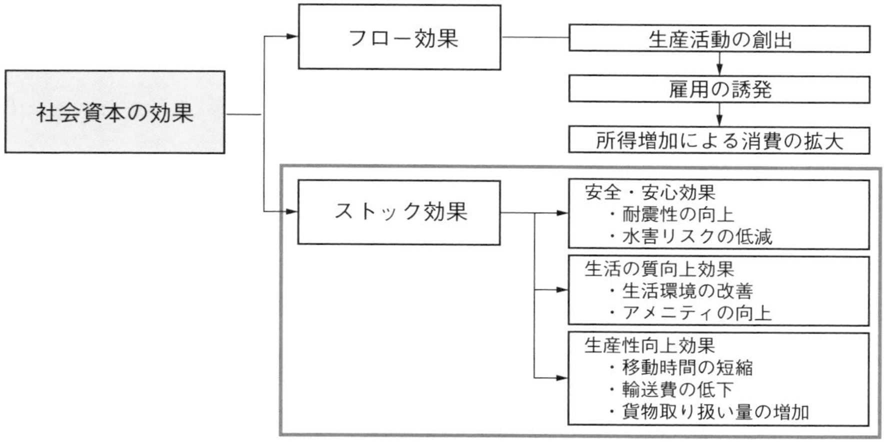

出典：国土交通省総合政策局建設経済統計調査室

1-3 ダム建設工事

●ダムの役割

ダムの役割は大きく分けて、洪水の調節、上水道や工業用水など水資源の確保、発電、良好な河川環境の保全からなります。日本は国土のほとんどが山岳で降雨量も多いことから、ダムは必要不可欠です。土木構造物としては非常に大規模な構造物が多く、工事金額や工事の規模も大きいことから、土木工事の代名詞といえます。また、ダムカードやダムカレーなど、現代では貴重な観光資源としても注目されています。

●ダムの歴史

日本で最も古いダムは、大阪府大阪狭山市に農業用漲水池としてつくられたダム式のため池である狭山池といわれています。その後、戦後の復興として治水や利水を目的として多目的ダムがつくられました。日本最大の高さ186mを誇る黒部ダムは、大正時代から計画され1956年に着工し、約513億円をかけ1000万人を超える工事関係者の手によって1963年に完成しました。立川黒部アルペンルートは日本でも有数の観光地となっています。

現在の法律で定められているダムは、河川法および河川管理施設等構造令を根拠としていて、基礎地盤から堤頂まで高さ15m以上のものをいいます。なお、高さが15m以下のものは堰として扱われます。

●ダムの形式

ダムは大きく分けるとコンクリートダムとフィルダムに分類されます。コンクリートダムはその名のとおりコンクリートを用いたダムで、重力式ダムとアーチ式ダムに分けられます。**重力式ダム**（図1-3-1）は、ダム自体の重さで水圧を支えるもの、**アーチ式ダム**（図1-3-2）は、左右や下の岩盤で水圧を支えます。重力式、アーチ式ともにコンクリート自体の自重を岩盤が支えるために、基礎の岩盤が強固である必要があります。

また、アーチ式は両岸のアーチ型の構造で水圧を両岸の岩盤に伝えるため、基礎の岩盤だけでなく、両岸の構造も強固である必要があります。

図 1-3-1　重力式　宮ケ瀬ダム

図 1-3-2　アーチ式 新豊根ダム

画像提供：国土交通省中部地方整備局浜松河川国道事務所

一方、**フィルダム**はダムの材料に岩や土を使ってつくるダムです。使用する材料の比率により、ロックフィルダムとアースフィルダムに分けられます。ロックフィルダムは、水を支える遮水壁の構造によって、ゾーン型ダム、表面遮水型ダム、均一型ダムに分けられます。

ゾーン型ダム（図 1-3-3）は、遮水を受け持つコア部と堤体の安定を受け持つロック部、両者の間におかれるフィルタ部からなるダムです。**表面遮水壁型ダム**は、土質遮水壁（コア）の代わりにアスファルトやセメントなどで表面を遮水するダムとなります。**均一型ダム**は、ほぼ等質の材料を使用して遮水および堤体の安定をはかるダムです。ため池に多く使われ、あまり堤体の大きいものはつくれません。

図 1-3-3　ゾーン型 阿木川ダム

画像提供：独立行政法人水資源機構阿木川ダム管理所

アースフィルダムは、使用する材料として土が 50% 以上を占めるフィルダムです。最も古典的な手法として、基礎の地盤が柔らかいところでも施工が可能です。しかし、あまり高いダムには適しません。

1-4 トンネル工事

●トンネルの役割

トンネルとは、1970年に行われたOECDトンネル会議で「計画された位置に所定の断面寸法をもって設けられた地下構造物で、施工法は問わないが仕上がり断面積が2㎡以上のもの」と定義されました。長いトンネルを掘れなかった昔は、山を迂回し、直接登り、越えていましたが、時間がかかるのと、重い荷物を運べないことからトンネルの技術が発展しました。

●トンネルの歴史

トンネルは紀元前2000年頃にユーフラテス川の河底を横断するトンネルが最初とされています。日本では、1763年禅海和尚が手掘りでつくった大分県本耶馬渓町の青の洞門（図1-4-1）が最初といわれています。日本各地でトンネルが建設され始めたのは明治に入ってからです。昭和に入って長大トンネルの建設が進み、1985年に日本最長の全長約11kmの関越トンネルが完成しました。

図1-4-1　青の洞門

画像提供：一般社団法人中津耶馬渓観光協会

交通機関用トンネルとして全長53.9kmを誇る青函トンネルは、津軽海峡の海底を掘ってつくられた海底トンネルです。1988年に当時、世界一の交通機関用トンネルとして開通しました。

●トンネルの種類

トンネルには道路トンネルや鉄道トンネルなどの種類があります。世界で最初の海底鉄道トンネルは日本でつくられました。山口県と福岡県を結ぶ関門鉄道トンネル（図1-4-2）は1942年と1944年に上下線それぞれが開通しました。工事のしやすさや、事故への備えもあり、上下線別々につくられました。長さは下り線で3,614m、上り線で3,604mです。

図 1-4-2　関門鉄道トンネル

撮影者：塚本敏行

川崎市と木更津市を結ぶ東京湾アクアライン（図1-4-3）は世界で一番長い海底道路トンネルとして有名です。川崎市側の海底トンネルの長さは9.5kmもあり、建設当時世界最大級の14.14mもあるシールドマシンでつくられました。調査に約20年、建設に約10年を要し、1997年に開通しました。設計から施工まで当時の最先端技術、ノウハウを集結させ、数多くの新技術・新工法が開発・実用化され**土木のアポロ計画**とも呼ばれていたそうです。

海底のため軟弱地盤、風、潮、地震、船舶の航行、環境保全など多くの問題点を乗り越え完成しました。なぜ、川崎市側だけ海底になったかというと、船舶が頻繁に行き来するからです。そのため、最も深い場所は海面下約60mにも及びます。ちなみに工事で使用したシールドマシンのカッターフェイスがパーキングエリア内に展示されています（図1-4-4）。

図 1-4-3　東京湾アクアライン（海ほたる）

図 1-4-4　シールドマシンのカッターフェイス

画像提供：東京湾横断道路株式会社

1-5 橋梁工事（その1）

●橋梁とは

橋梁とは、川や谷、海などを横断する（渡る）ために架けられる構造物をいいます。一般的には、**橋**と呼ばれ、橋梁は土木工学の専門用語となります。上部構造と、それを支える下部構造から形成され、人や物資、水などを輸送する際に、河川や渓谷や線路、道路を横断して建設される構造物をいいます。

●橋梁の歴史

橋は歩いて通る道のつながりとしてつくられたものです。大昔の橋は自然の倒木を利用した丸木橋であり、川の流れに飛び石をおいただけのものでした。人は文明が起きる古代から、道具を使い、橋をつくる技術を学び世界各地で建設されていました。日本では簡単に手に入る植物や蔦でできた橋が今でも残っています。山口県の錦帯橋（図 1-5-1）や、徳島県の祖谷の蔓橋《かずらばし》や青森県の鶴の舞橋が木造の橋梁として有名です。

図 1-5-1　錦帯橋

撮影：著者

鉄筋コンクリートの橋梁もたくさんあります。もともと1900年初頭までは、コンクリートの橋がさかんにつくられていました。しかし、19世紀後半に鉄筋コンクリートが発明され、コンクリートの中に鉄筋を埋め込むことで、圧縮には強いが引張には弱いコンクリートの弱点が克服されました。さらに技術は進歩して、PC鋼材を使って、鉄筋コンクリートに比べて強い荷重に抵抗できるプレストレストコンクリートが発明され、鉄筋コンクリートよりも長い支間長（スパン）が可能になりました。

●橋梁の形状と名称

橋の一般形状は図1-5-2のように表されます。

- **上部工**：橋台・橋脚の上に設けられる構造物
- **下部工**：橋台・橋脚・基礎からなる上部工を支える構造物
- **橋台（アバット）**：擁壁の役割をもつ下部工の構造物
- **橋脚（ピア）**：上部構造を支える柱状の下部工の構造物
- **橋長**：橋台のパラペット前面間の距離
- **支間**：支承の中心間距離
- **径間**：橋構造物の橋脚など支点と支点の間
- **支承**：上部構造と下部構造の接点に設置される部材

図1-5-2　橋梁の名称

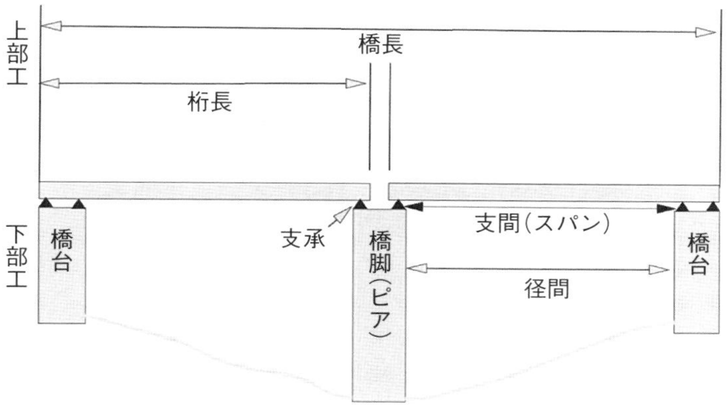

1-6 橋梁工事（その2）

●橋梁の分類

橋は用途に応じて、自動車の通行のための**道路橋**、鉄道のための**鉄道橋**、人や自転車の通行のための**歩道橋**、水路のための**水路橋**に分類されます。また、これらの複数の目的のためにつくられた併用橋もあります。使用する材料に応じて分類され、鉄筋コンクリートやプレストレストコンクリートを用いたコンクリート橋や鋼橋が一般的です。なお、コンクリートと鋼構造を複合させた橋も現在では用いられています。コンクリートに比べて鋼は重量のわりに高い強度を誇るため、長大スパンの橋や地盤の条件が悪い場所に適しています。

●橋梁の形式

けた橋（図1-6-1）は、橋の路面を支える人や車の荷重を受ける床版と、床版に生じる荷重を支え橋台や橋脚に伝達する主げたにより構成される橋です。橋の断面の形状には、T型、I型、箱桁が一般的で、比較的支間の短い橋に利用されます。

図1-6-1　けた橋（北彩都橋）

画像提供：草野作工株式会社

トラス橋（図 1-6-2）は、けたの部分にトラス部材を使った橋です。三角形に補強したトラス部材を桁に使用することで、変形しにくい構造となります。各接点をピン接合とすることで各部材に軸力のみが作用する構造です。

図 1-6-2　トラス橋（山線鉄橋）

画像提供：草野作工株式会社

アーチ橋（図 1-6-3）は、上に凸の構造で橋に作用する鉛直荷重を部材の軸圧縮力として地盤に伝達する構造です。そのため、強固な地盤で水平力を指示できることが条件です。

図 1-6-3　アーチ橋（舞鶴橋）

画像提供：草野作工株式会社

斜張橋（図 1-6-4）は、タワーからケーブルを斜めに張り、桁を吊る方法です。ケーブルには主に引張力、タワーには圧縮力が生じます。ケーブルは主に鋼材を用い、引張力に強く効果的に力を伝達できます。横浜市のランドマーク伴っている横浜ベイブリッジも斜張橋の1つです。全長 860m のトラス斜張橋（吊橋）で、上層部は首都高速湾岸線、下層部は国道 357 号と 2 階建てになっています。

図 1-6-4　斜張橋（奥多摩大橋）

撮影：著者

エクストラドーズド橋は、主塔が低く、主塔の外側で桁に PC 鋼材を用いて補強している橋です。見た目も斜張橋と似ていることからよく間違えられます。エクストラドーズド橋の主塔は、斜張橋の 3 分の 1 程度の高さであることが一般的にいわれています。青森県三戸町にある三戸望郷大橋は、橋の長さが 400m（中央径間 200 メートル）の 3 径間連続エクストラドーズド橋で、中央径間は PC エクストラドーズド工法による橋では世界最大級を誇ります。

1-7 道路工事

●道路の役割と機能

自動車の発展に伴ってつくられた道路は、今や人々の暮らしを支え産業活動にはなくてはならない社会基盤です。時代の変化と移動手段の発展に伴って次第に整備されていきました。道路には、交通機能と空間機能の２種類の機能があり、自動車や歩行者・自転車が安全で円滑に走行できるというのは交通機能の一部の通行機能という一面に過ぎません。

交通機能には、ほかにも沿道の土地に容易にアクセスできるアクセス機能や、歩行者が留まり、自転車が駐車できるような滞留機能もあります。また、道路の持つ２つ目の機能である空間機能は、ガス、電気、水道などのライフラインを地下に収納する収容空間や 都市の骨子となる市街地形成機能があります（図 1-7-1）。

図 1-7-1　道路の機能

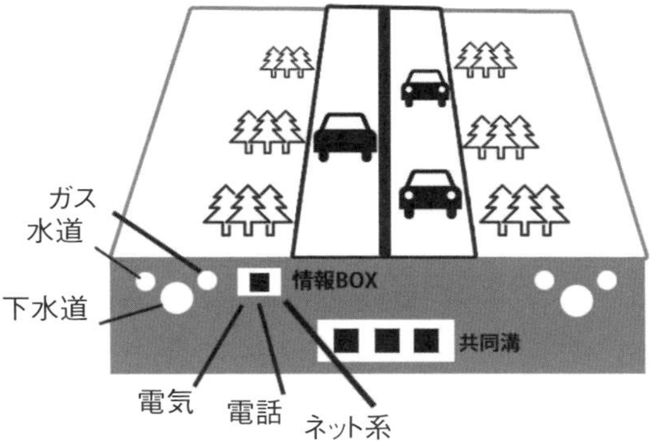

出典：国土交通省ホームページ

道路法の道路には国土交通大臣、都道府県知事、市町村長のいずれかが道路管理者として定められています。道路管理者は、道路の陥没などで通行する車両や歩行者に危険が生じる場合や、工事のためやむをえないときに、道路の通行を禁止し制限する権限をもっています。また、台風や大雨、大雪などの異常気象時には通行規制や車両の高さや重量の制限などを行うことができます。

道路法以外にも、道路を定めている法律があります。道路交通法による道路、建築基準法による道路、道路運送法による自動車道、土地改良法による農業用道路、森林法などによる林道など、さまざまな法律でも道路を定めています。

●道路の構造

道路の基本的な構造を図 1-7-2 に示します。路盤より上の部分を**舗装**と呼びます。一般的に加熱アスファルト混合物を敷き均すのが一般的ですが、道路の条件に応じてさまざまな材料が用いられ各層の厚みもそれぞれ異なります。

図 1-7-2　道路の断面図

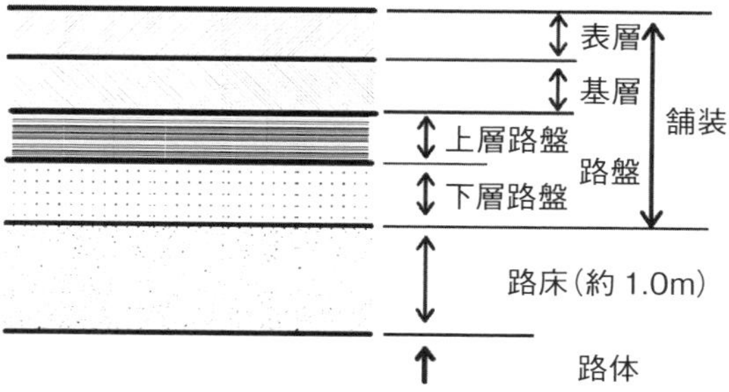

表層の役割は舗装の最上部で交通の案税制や快適性など、路面としての機能を確保します。基層の役割は、路盤の不陸を整正し、表層にかかる荷重を路盤に均等に分散させて伝えることです。路盤の役割は、表層および基層から伝わる交通荷重を分散して路床に伝えることです。また、路床については、路体と一体となって上層から伝わってくる荷重を支持する役割があります。

●道路工事で使用する機械

道路工事ではさまざまな機械を使って作業しますが、代表的なものを解説します。アスファルト舗装の場合は路床、路盤を、ブルドーザーや、バックホウ、モーターグレーダーで敷き均し、ローラで締固めます。アスファルト混合物を敷き均し締固める基層や、表層の施工では、アスファルト混合物をアスファルトフィニッシャで敷き均し、マカダムローラ、タイヤローラで締固めます。

ベタ踏み坂

あるCMで有名になった「ベタ踏み坂」をご存知ですか？正式な名称は江島大橋という名前の橋で、島根県と鳥取県をまたぐように架けられた橋です。地上から空中に向かって頂きに上がるような急激な坂に見えることから、某自動車メーカーのCMで使われました。ですが、実際の勾配は6.1%と特別大きな数字でもなく、撮影の仕方によって急な坂に見えていて、視覚効果を利用したインパクトは強烈です。土木構造物が広告やCMなどで取り上げられて、土木の知名度が上がるのは嬉しいことですよね。

この書籍も土木の魅力を発信する一助になれば幸いです。

1-8 上下水道工事

●現代の上下水道

現代社会では衛生的な水を人々に供給するために、清浄な水を引いてさらにろ過することで水の質を向上できるようになりました。そして、現在の水道普及率は 98% で日本国民のほとんどが、水道の普及により衛生的な生活を送ることができています。水道は、現在事業上の区分として給水人口 5,001 人以上の都市の水道を**上水道**、給水人口 5,000 人以下 100 人までの小規模水道を**簡易水道**と区分します。

●上下水道の施設

上水道は水源から取水する取水施設（図 1-8-1）、取水した水を浄化する浄水施設、浄水を必要とされる場所まで運ぶ排水、給水施設に分けられます。

日本の取水の対象となる水源の約 70% 以上は河川となります。日本の河川は世界の河川に比べて、こう配が急であることからダムによる貯水が必要不可欠です。取水施設は貯水池の取水塔で、河川から取水する場合はゲートを設置して堰で仕切り水位を上昇させることで水を引き込みます。

図 1-8-1　東京都東大和市　取水施設

撮影：著者

浄水施設は、河川や湖沼、ダムから取水した水を浄化・消毒するための施設です。日本の水質基準は世界の中でも特に厳しく定められていて、安全な水を多くの方に届けています。

●下水道の普及

日本では下水道法と呼ばれる法律が明治33年に制定され、「土地を清潔に保つこと」を目的として**下水道**の整備が進んでいきました。日本人技術者が下水道事業に関与したのは明治10年にレンガで積んで造られ、東京の神田では現在でも一部昨機能を果たしています。

現在の下水道の普及率は全国平均で80.1%（令和2年度末）です。世界でも先進国でも差ができていて、アメリカでは約70%、イギリスはほぼ100%となっています。日本は特に地域の格差が激しく、東京は99.6%ですが、徳島県は18.6%、和歌山県は28.5%と差が大きく広がっています。

●下水道の役割

下水道は一般家庭から排出される生活排水や雨水、企業などから排出される都市活動用排水があります。排出量は1人当たり1日で300ℓ程度になっています。下水道は、分流式と合流式の2つに分かれています（図1-8-2）。

分流式は、雨水と汚水を別々に処理します。2系統の配管が必要ですが、汚水のみ下水道処理施設に送られて処理され、雨水はそのまま川に放流されます。合流式は雨水と汚水を1本の管で処理するため敷設する管は1本ですみますが、汚水と雨水が1本の管を通るため処理用の集水桝から臭いが上がってきて、大雨が降った場合、マンホールから吹き出すおそれもあります。

●排水設備と下水処理施設

下水道の**排水設備**（図1-8-3）は一般家庭や商業施設などの下水を公共の下水道に流すための施設のことです。公設ます（下水管本管と宅内排水管との接続部分に設ける「ます」）から、取付け管を経由して公共下水道に接続します。また、雨水は道路上に設置された集水ますから取付け管を経由して公共下水道に接続します。

図 1-8-2　分流式と合流式

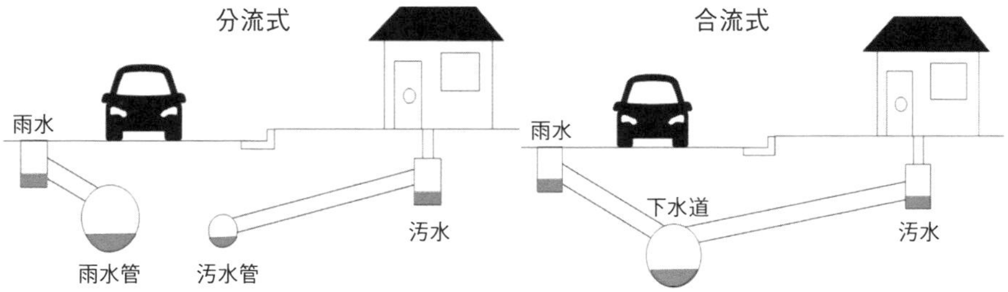

道路にあるマンホールは**人孔《じんこう》**といい、管渠《かんきょ》の点検や清掃のために人が入るための点検用の孔です。管渠が合流するところや、曲がりの部分には必ず設置されます。

公共下水道を通った水は最終的に**下水処理施設**に流入します（図 1-8-3）。一般的には、濁りを沈殿させ物理的に砂や固形物を処理する方法と、空気を吹き込み、微生物を利用して生物反応により処理します。下水処理場で処理される水は年間 140 億㎥になり、そのほとんどは川に放流されています。

図 1-8-3　排水設備と下水処理施設

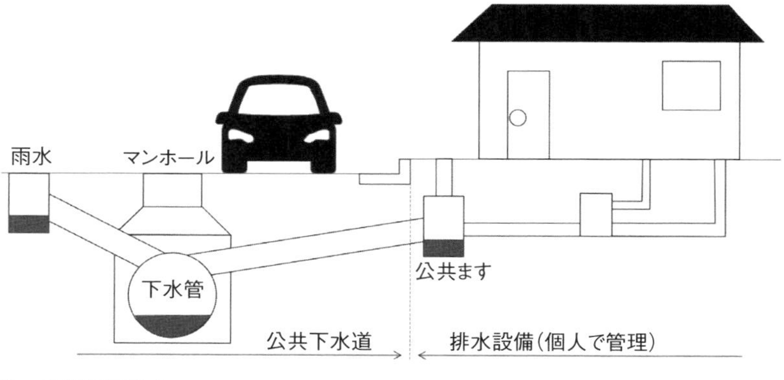

画像提供：青森県三沢市

1-9 河川・砂防工事

●日本の河川の特徴

日本の河川は世界の河川に比べて、河川の長さが短く、こう配が急であることが特徴です。山が多い日本の地形から、河川のこう配も急になり、洪水や土石流などの災害を起こしやすく、堤防などの土木構造物は重要な役割があります。

こう配が急である日本の河川の問題として、水をとどめる能力が低いこともあります。河川こう配がゆるく降った雨が海に到達するまでの時間が長い諸外国に比べて、洪水期にいくら雨量が多くても保水できないと渇水期には水不足になってしまいます。

●河川の構造と推移

河川の断面構造を図 1-9-1 に示します。

図 1-9-1　河川の断面構造

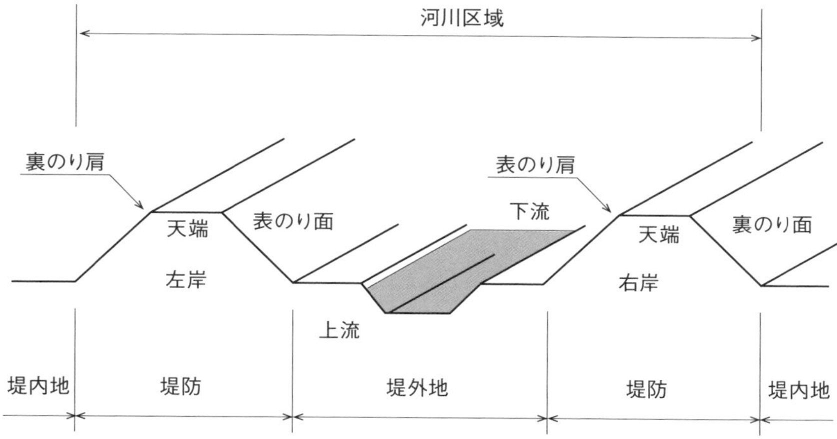

・**河川区域**：河川としての役割を持つ地域。川裏の法尻から、対岸の川裏の法尻までの区間
・**河川保全区域**：河川区域に隣接して、河川を保全するのに必要な河川区域から堤内地側に 50m 以内の区域
・**堤内地**：川裏である堤防の外側
・**堤外地**：河川敷が広がり、水が流れる堤防の内側
・**右岸**：上流から下流を見て右側
・**左岸**：上流から下流を見て左側

また、河川には流量に対する水位が設定されています（図 1-9-2）。

図 1-9-2　河川の水位の模式図

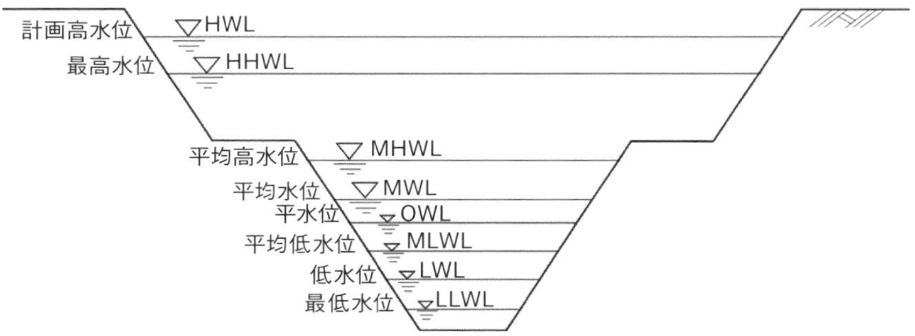

最高水位（HHWL）	既往の観測期間中における最高水位
被災水位（DHWL）	構造物が被災したときの高水位
計画高水位（HWL）	計画高水量が流下する水位
平均高水位（MHWL）	ある期間内における高水位を平均したもの
平均水位（MWL）	ある期間内における水位を平均したもの
低水位（LWL）	年間を通じて 275 日間は下回らない水位
平均低水位（MLWL）	ある期間内における平均水位以下の水位を平均したもの
最低水位（LLWL）	既往の観測期間中における最も低い水位
平水位（OWL）	ある期間におけるある水位より高い水位と低い水位の回数が等しくなる水位

●砂防工事

日本の国土の約７割は山地により形成されているため、山地を利用して新規の住宅立地などにより都市が広まってくるにつれて、土砂災害の危険性も増してきています。このような地域において、雨水などが原因となり地表面の浸食による土砂災害の防止を目的とした工事を行うことを**砂防工事**といいます（図 1-9-3）。

図 1-9-3　山腹工の断面図

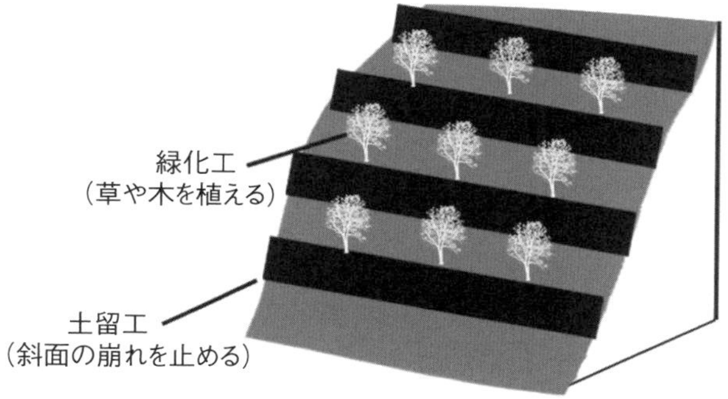

画像提供：国土交通省北陸地方整備局立山砂防事務所

土石流は山腹、川底の石や土砂が長雨や集中豪雨などによって一気に下流へと押し流されるものをいいます。その流れの速さは規模によって異なりますが、時速 20 ～ 40km という速度で一瞬のうちに人家や畑などを壊滅させてしまいます。また、崩壊した斜面は安定せず、植物の生育が難しく崩壊が拡大するという悪循環になってしまいます。砂防工事の代表的な例である**山腹工**《さんぷくこう》は、山の崩壊斜面の拡大を防ぎます。柵や壁を設置して土の動きを抑える土留を行い、土が流れ出さないよう草木を植え、種子の吹き付けなどの緑化を行い、土砂が流出しない安定した山肌に戻す工事です。

本書の著者

　本書を手にとっていただき、ありがとうございます。著者の前職は中堅ゼネコンの社員で工事現場を駆け回る現場監督でした。7年間建設会社で働き、現在も土木関係の仕事に従事しながら、本業の合間に建設業と土木工学のブログ「つちとき」を執筆しています。著者が土木工学のブログを執筆した理由は2つあります。1つ目は、本業で学んだ分野の知識なら専門性の高い知識を提供できると思ったからです。ネットの文章というのは誰が書いたかわかりません。だからこそ、発信する内容には専門性や公的な資格などの裏付けが求められます。一級土木施工管理技士の国家資格と実務経験 7年が裏付けでした。2つ目は、建設会社に入社した新入社員の気持ちや学びたいことがわかると思ったからです。入社時にインターネットで「丁張のかけ方」を調べてみても「丁張のかけ方」を解説してくれたネットの記事はありませんでした。今では、YouTube で動画や著者以外のサイトでも解説している記事があります。建設会社に入社したてのときに、その動画やサイトがあればどれだけ役に立ったか。ブログ同様、本書もあなたのお役に立てると嬉しいです。

どうぞ、よろしくお願いします

第2章

土木力学の基礎

構造物には目に見えないさまざまな力が働き、どのような力が働くのか可視化して理解する必要があります。本章では、土木工学の基礎と呼ばれる３つの力学である、構造力学、土質力学、水理学について理解しましょう。

2-1 土木工学の基礎

●土木工学とは

土木工学とは、英語でCivil Engineeringと表記され市民の工学と訳されます。これは、欧米などで軍事の発展を目的として、機械、電気、化学などの工学は軍事工学（Military Engineering）として発展してきたのに対して、土木工学は人々の生活の基盤をつくりあげる市民のための工学であるからです。今では、明確に区別された土木工学と軍事工学ですが、もともとは明確な区別はありません。中国の万里の長城は総延長6,000 km以上の壁を構築しました。もともとは、敵の侵略を防ぐための軍事目的につくられた外壁でしたが、堤防の役目も果たしている土木構造物です。

日本では**土木学会**という学会があり、土木学会では土木工学は7つの分野に分けています（表2-1-1）。現代の土木工学は構造力学、水理学、土質力学などのハードな分野だけでなく、環境、計画、交通、景観などのソフトな分野の知識も土木工学に含まれているのです。

今まで土木工学は、ものづくりにおけるハード面の部分の研究が行われていましたが、近年では景観・デザインや交通などによる人々の行動パターンなどソフト面も土木工学の学問でも研究されています。ソフト面も土木工学における重要な分野であり、社会的な生活に対して強く影響しています。

●土木工学の由来

いまの暮らしになくてはならない社会基盤施設ですが、そもそも土木という言葉をご存知でしょうか。「土木」という言葉の語源は諸説ありますが、中国の古い書物である『淮南子《えなんじ》』という本に出てくる「築土構木」という言葉がもとになっているといわれています。日本では明治時代にこの原文にあるように土を築き、木を用いて家を建てるという言葉の「築木構木」を縮めて土木という言葉をつくったといわれており、これが「土木は人々の生活を豊かにする」といわれる所以です。

●土木工学を支える３力学

土木工学はものづくりのための学問で、その構造物にどのような力が作用するのか理解する必要があります。目に見えない力を数値化して、可視化していきます。そのためには力学の理解が必要なため、土木工学の基礎として数学と物理は必須の学問です。まずは、土木工学の基本である**３力学**（図2-1-1）と呼ばれる構造力学、土質力学、水理学の理解を深めていきましょう。

一番わかりやすい土木構造物の例が**橋梁**です。橋が落ちないようにするために、どんな強度をもった材質でどのような形状と大きさの橋が良いのかを求めるのが**構造力学**です。その橋を支える橋脚や橋台を支える地面からの力を可視化するのが**土質力学**、その橋脚や、橋台を削る力や水の流れや速さを求めるのが**水理学**となります。

このように土木構造物にはさまざまな力が作用します。土木技術者として、しっかりと理解していきましょう。

表 2-1-1　土木工学７つの分類

分類	土木分野
構造	構造工学、鋼構造、地震工学、応用力学、木材工学
水理	水工学、海岸工学、海洋開発
地盤	トンネル工学、地盤工学
計画	土木計画学、景観・デザイン
コンクリート	コンクリート、舗装工学
建設技術マネジメント	土木情報学、建設用ロボット、建設マネジメント、コンサルタント、安全問題研究
環境・エネルギー	環境工学、地球環境、原子力土木、エネルギー

図 2-1-1　土木工学の３力学

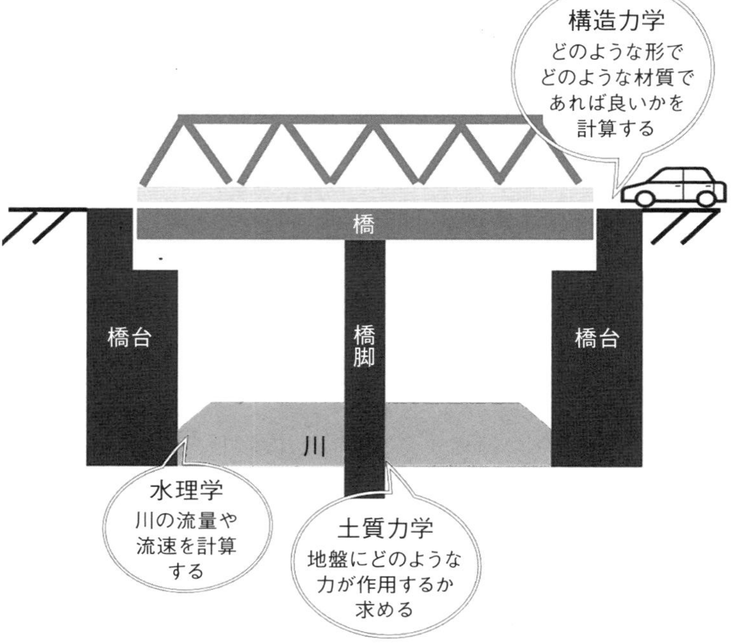

全国転勤

ゼネコンで働くなら避けては通れないのが転勤の問題です。誰も知り合いがいない土地で、ポツンと一人ぼっち。現場事務所と住む場所が同じ建物でほぼ24時間仕事漬けの毎日でした。でも、休みは休みで人生を楽しむために、「各地の観光地を行けるし、各地のおいしいものを食べに行ける」と、気持ちを切り替えて満喫。結局、仕事の転勤で、沖縄から九州、東海、関東、東北といろいろな地域に行くことができました。何事も人生経験ですし、日々の忙しい現場の息抜きに観光地巡りもできますし、思っていたとおり悪くなかったなというのが率直な感想です。

2-2 基礎の3力学（土質力学）

●土の構成を状態に表す指標

土は、大きく分けて、土粒子、水、空気の3要素で構成されています。土粒子と土粒子の隙間のことを**間隙**《かんげき》と呼び、水もしくは空気です（図2-2-1）。土の性質を知るうえで基本的な関係性を表2-2-1に示します。

図2-2-1　土の3要素

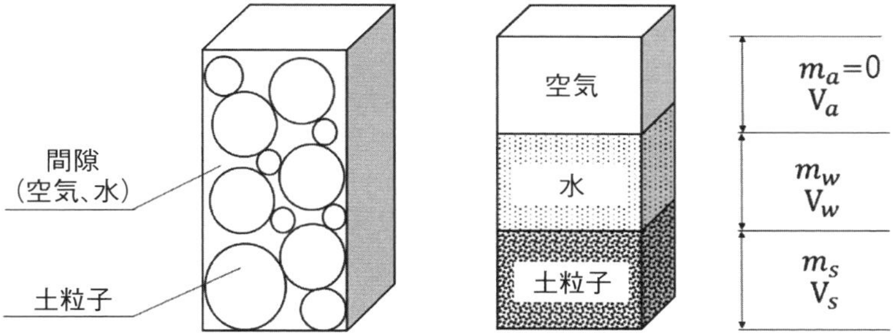

表2-2-1　土の性質を示す指標

基本の物理量		式
土粒子の密度	P_s	$P_s = m_s/V_s$
間隔比	e	$e = V_a+V_w/V_s$
含水比	w	$w = m_w/m_s \times 100$
飽和度	S_r	$S_r = V_w/V_a+V_w \times 100$

●土粒子の大きさと分類

土は、さまざまな大きさの土粒子が混ざり合って構成されています。土粒子の大きさを**粒度**と呼び、土に含まれる粒度の割合を示したものを**粒径加積曲線**と呼びます。一般的には、この曲線がなだらかなものは粒度が均等な良い土であるといわれ、逆に急なものは粒度が不均等ですと悪い土です（図2-2-2）。

●土の力学的な性質

土は土粒子や土粒子の間隙に含まれる空気や水の集合体であって、水の含水状態で、力学的な性質は大きく異なります。また、土粒子の粒形によって、砂質土と粘土に分類できます。砂の場合は、粒子のかみ合わせがその性質に大きく影響を与えます。粘土の場合は土粒子に発生する粘着力が影響を与えます。

安全第一

「安全第一」という言葉は、工事現場でよく見かける標語（スローガン）ですが、この言葉がいつから使われているのかご存知ですか。安全第一という標語は、1900年に当時の世界第一の製鋼会社のUSスチールより使用されています。しかし、当時掲げられていたのは、「生産第一、品質第二、安全第三」。そのため、労働災害が日常的に起きていました。この状況を打開するために、「安全第一、品質第二、生産第三」へ変更。従業員を守る方策に転換すると、労働災害も減り、作業効率が向上して生産性や品質も向上しました。それが一般的に広がり、現代では広く使用されるようになったのです。

図 2-2-2　土粒子の大きさと分類

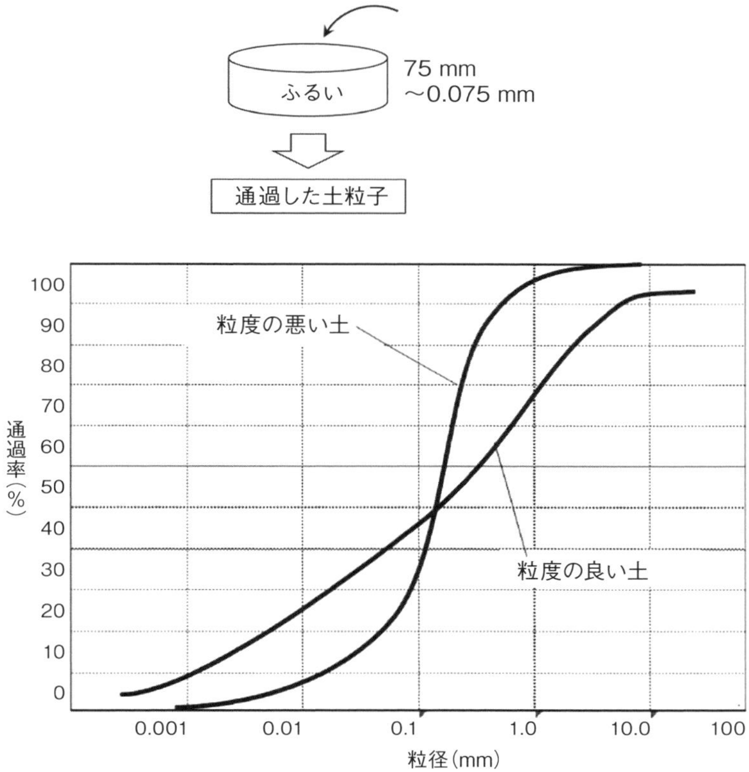

0.075　0.25　0.85　2　4.75　19　75 (mm)

粘土 シルト	細砂	中砂	粗砂	細礫	中礫	粗礫	石
	砂			礫			

2-3 基礎の３力学（構造力学）

●力とは

力を可視化することはできませんが、力が働くことによってものが変形したり、移動したりすることで力が働いていることがわかります。力の大きさは、N（ニュートン）で表し、１Nとは質量が1kgの物体に1m/s^{2}と定められています。

力がどのようなものであるか説明するために必要な要素は、次の３つです。

・力の大きさ（大きさ）
・力が作用する場所（作用点）
・力が作用する方向（方向）

大きさ、作用点、方向を**力の３要素**といいます（図2-3-1）。また、物体を回転させようとする力の働きを**モーメント**と表現し、モーメントは物体を回転させる運動を起こす能力の大きさのことです。力×距離で表すことができ、単位はkN・mやN・cmで表されます。モーメントも力と同じように複数のモーメントを合成して、１つのモーメントに代表して表すことができます（図2-3-2、図2-3-3）。

図2-3-1　力の３要素

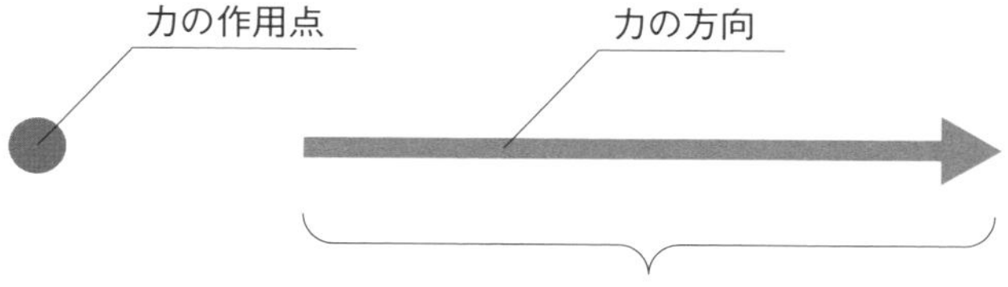

図 2-3-2　モーメントを表す

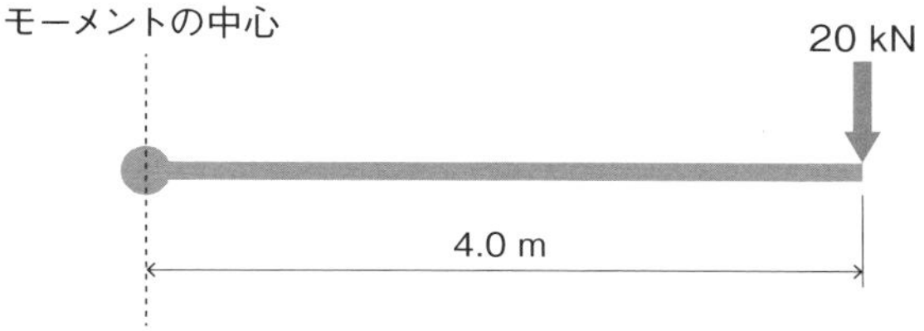

図 2-3-3　モーメントの合成

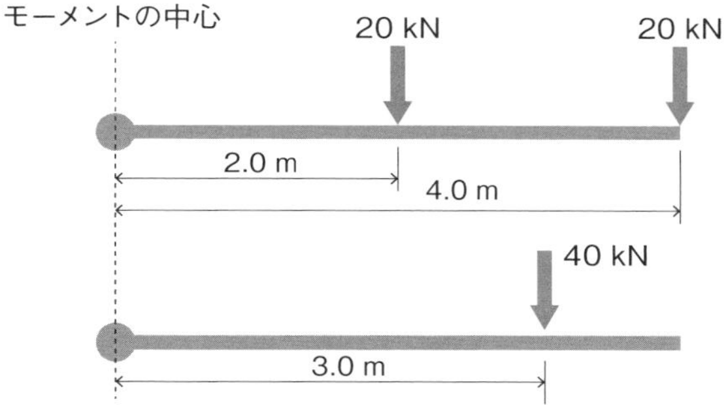

●構造物に働く力

構造物に対してある力が働くと、内部にはその力に対して抵抗する力である**応力**が発生します。構造物に働く力とモーメントの合計が0の状態であるとき、移動や回転をせずに静止している状態をつり合いの状態にあるといいます。静止の状態では、水平方向の力が0で、垂直方向の力が0。さらに各力のモーメントが0であることを示しています。この2つの方向の力の合計が0であることと、モーメントの合計が0であることを利用して構造物の応力を知ることができるのです。

●構造物に働く力の種類

構造物に働く力は大きく分けて、軸力、せん断力、曲げの3種類あります。**軸力**とは、その構造物（部材）に圧縮したり、引っ張ったりする力のことです。**せん断力**は、その構造物（部材）をはさみなどによって挟み切るように、はさみの葉が両方から作用する力となります。**曲げ**とは、力が働くことでその構造物物（部材）が湾曲し、片側に圧縮、反対側に引張の応力が発生する状態です（図 2-3-4）。

図 2-3-4　梁に働く力（模式図）

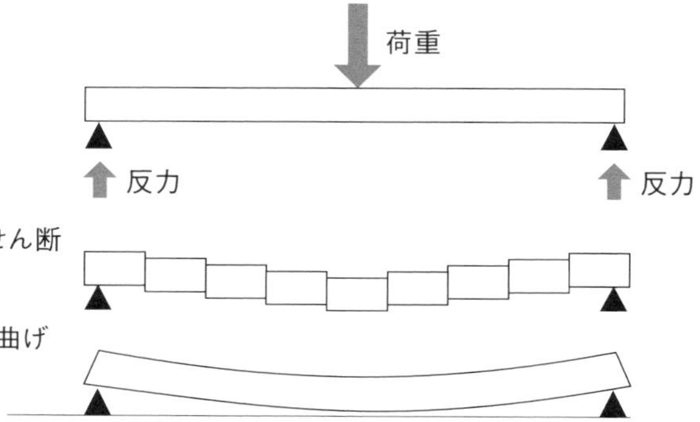

3K と新 3K

建設業は昔から「きつい」「汚い」「危険」の「3K」だといわれてきました。さらに、社会保険や給与の水準も低く、「建設業で働く＝悪いイメージ」が世間でできあがっています。そこで、国土交通省が打ち出したのが、「給与」「休暇」「希望」の頭文字をとった「新 3K」。原則完全週休 2 日。I-Construction の推進による建設現場の生産性向上。中長期的に建設業の魅力アップにつなげていく施策を国土交通省が先陣を切って推進しています。今後、人口の減っていく日本で「働きたい」と思ってもらえるような魅力ある業界になっていくことが著者の願いです。

2-4 基礎の3力学（水理学）

●静水圧

水中において、物体に対して垂直に働く力を**静水圧**または**水圧** p と呼び、単位はパスカル Pa です。静水圧は、必ず物体に対して垂直に作用し、ある一点にかかる水圧はどの方向でも等しく、深さに比例して大きくなるという性質を有しています。水の密度を ρ、重力加速度を g、水深を H とすると、次の式が成り立ちます（図 2-4-1）。

$$p[P_a] = \rho g H$$

図 2-4-1　水圧（模式図）

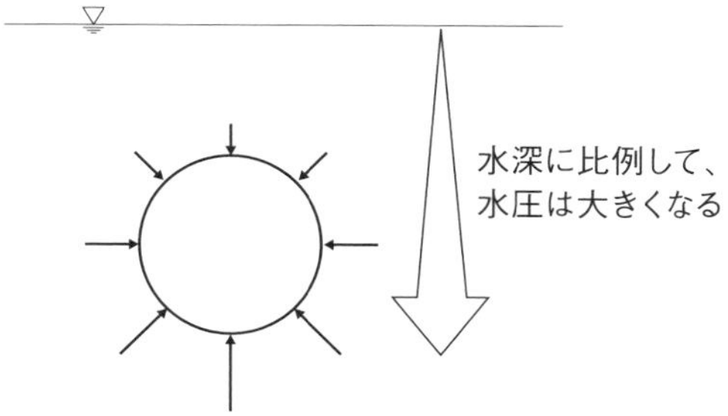

ある面積に作用する静水圧の和を**全水圧** P と呼びます。水中の壁や堰などの垂直な構造物の全面積に作用する全水圧は、三角形の形で作用し、作用点は、水深の 2/3 の高さです（図 2-4-2）。圧力は水深に比例するため、水面で 0 となり水深が深くなるに従って三角形の形に水圧が強くなります。

●浮力

水中では水圧以外に構造物を浮かせようとする**浮力**が作用し、浮力は水の密度や体積に応じて変化します（図 2-4-3）。

$$B = \rho g V$$

図 2-4-2　側面に働く水圧

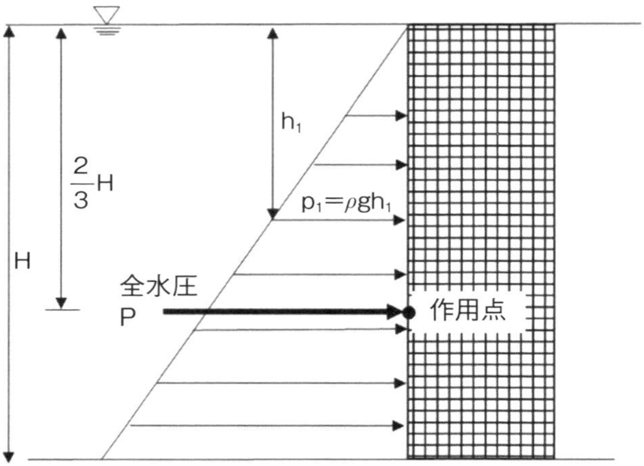

図 2-4-3　物体に浮力が働いた場合（模式図）

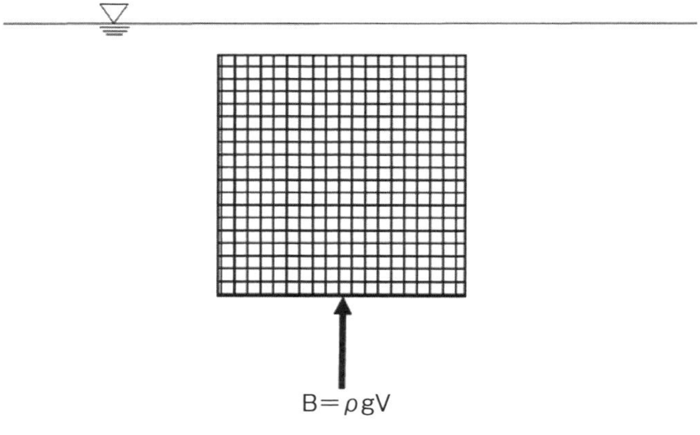

貯水槽やため池などの動きがない状態では、摩擦が作用せずに水深に比例して圧力が強くなります。お風呂の中に子供が遊ぶような軽いボールを入れると、上に浮かび上がるのが良い例で、これは、ボールの上から下向きに作用する水圧より下から上に作用する水圧のほうが水面からの深さが深いため、圧力が大きいから生じる現象です。

また、水中に浮いている構造物が傾いた際に、傾きと反対方向へ戻ろうとする力を**復元力**といい、このとき、構造物は安定している状態にあります。逆に、より傾かせようとする力が働いてしまうと不安定な状態です。これらは、浮力の作用点である浮心を通る鉛直線と構造物の中心を通る直線が交わる点であるメタセンターと重心の位置関係によって変わります（図 2-4-4）。

図 2-4-4　復元力とメタセンター（模式図）

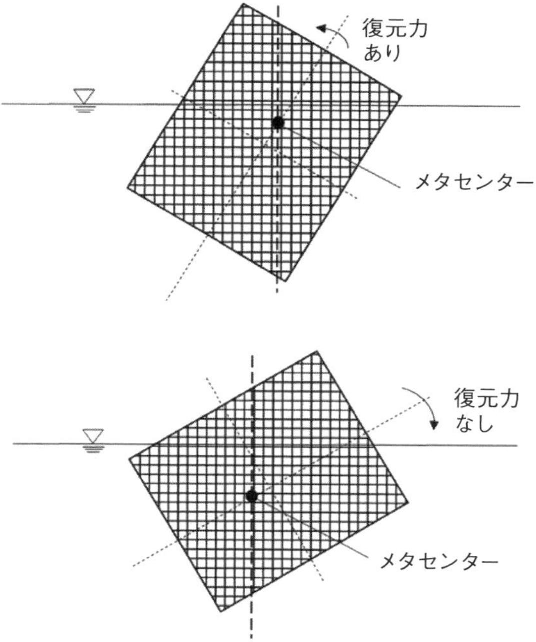

土木工学科卒業生の進路

著者が「建設会社に就職したい」と思った一番の理由は、工事現場という最前線で土木工学の知識を学べるということです。「若いころに経験を積んでおくことで価値になるし、お金を払っても買うことができない経験こそ40年続く土木技術者の人生では武器になる」と考えました。転職した今は「当時の選択は間違えていなかった」と確信しています。自由に時間が使える独身のときは、「仕事に打ち込んで経験をためて知識をつけよう」と思っていました。実際に就職してから大学の同級生と話す機会がありましたが、自分がやりたかった仕事に就いている人は、生き生きと仕事について語ってくれました。就職先や給料が異なっても、全然違う業界で働いている人も同様です。今は転職が当たり前の世の中で、最初の就職先が人生のすべてではありません。著者の場合は、そのとき考えたベストの就職先を信じて仕事に打ち込むことで人生が好転していきました。

人生何があるかわからないですよね

第3章

構造力学の基礎

現代社会を陰から支えているのは土木構造物です。その土木構造物には、外的な力が作用しても、変形せずに壊れない丈夫な構造である必要があります。土木構造物が力学的に安全であることを確認し、経済的で合理的かつ安全に建設するために構造系の学問が誕生しました。本章では土木工学の基本である構造力学について理解しましょう。

3-1 構造力学の基礎（その1）

●土木構造物の分類

私たちが日常的に利用する土木構造物は安全にできていて普通は壊れません。しかし、頑丈につくればつくるほど費用がかかります。土木構造物の多くは、私たちの税金でつくられているため、丈夫でありながらも費用を抑えた構造が決められます。そのため、構造物に作用する力を可視化する必要があるのです。

土木構造物を構造力学的な役割で分類すると大きく、梁、柱の２つに分類されます。**梁**は棒を横向きにした形で曲げに対して主として抵抗する部材、**柱**は軸方向の圧縮や引張に抵抗する部材です（図 3-1-1）。

図 3-1-1　梁と柱

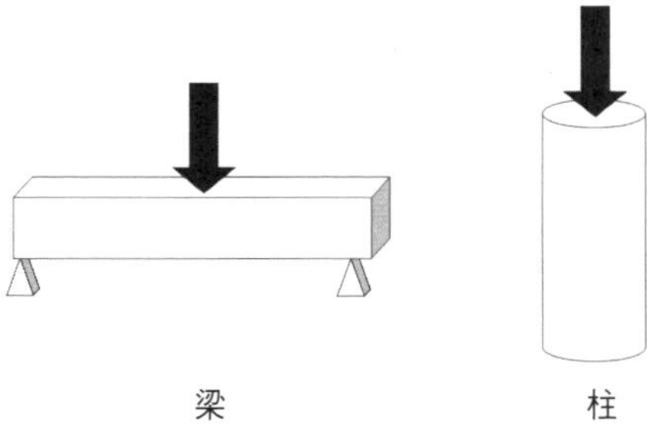

●構造物のモデル化

構造物に作用する力を可視化し、解析するためにモデル化して考えることが一般的です。図 3-1-2 のような構造を梁といい、それぞれ単純梁、片持ち梁、連続梁といいます。**トラス構造**は、梁部材に複数の三角形を作り連結させた構造です。トラス部材には曲げが作用せず部材に軸力として引張力と圧縮力が作用します。**ラーメン構造**は、梁と柱を連結させた部材です。各部材を剛結することから荷重による変形で部材が回転しないため、各部材に軸力、せん断力、曲げモーメントが部材間で伝達します。一般的に不静定構図物であることが多いです。**アーチ構造**は上方向に湾曲させた構造で、部材の軸に沿って圧縮力が生じます（図3-1-3）。

図 3-1-2　構造物のモデル化（1）

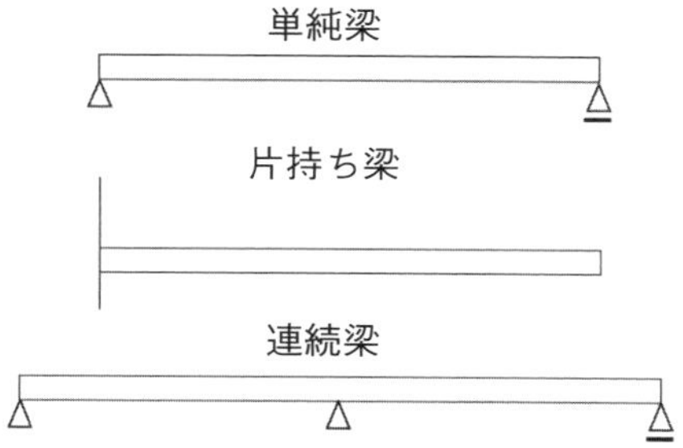

図 3-1-3　構造物のモデル化（2）

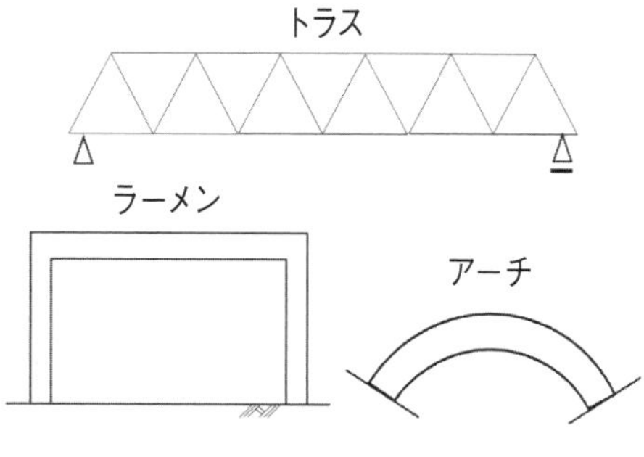

●荷重の分類

死荷重として構造物自体の重さである自重、活荷重として車などの自動車荷重、人などが作用する**群衆荷重**、風により作用する**風荷重**、雪の重さのような**雪荷重**があります。

また、1点に集中して作用する荷重を**集中荷重**、構造物一様に均等にかかる荷重は**等分布荷重**です。自重の等分布荷重のように動かない荷重を**静止荷重**、移動する場合は**移動荷重**といいます。

3-2 構造力学の基礎（その2）

●支点の条件

橋梁の桁は橋台、橋脚の上にのっかっていて、そこには**支承**《ししょう》があります。支承は上部から伝達された荷重を適切に下部構造物に伝達するだけでなく、水平力を受けたときに落ちないように支えること、温度変化による桁の伸び縮みに対して桁を拘束することのないように機能するのです。

そのため、支点は鉛直荷重を支持するだけでなく、水平荷重に対して自由に動くことができたり、回転することを許したり、支点にはさまざまな種類や役割があります。支点の種類ごとに作用する力とモデル図を解説します。

モデル化した単純梁の片側は回転支点で、片側は可動支点で示すのが一般的です。**回転支点**は、水平方向にも鉛直方向にも変位が拘束されていて、回転は自由な支点となります。**可動支点**とは、鉛直方向の変位が拘束されていて、水平方向の移動と回転が自由にできる支点です（図 3-2-1 上）。

片持ち梁の構造では、片方が固定支点となります。水平方向の変位と鉛直方向の変位も拘束され、さらに回転も完全に拘束された状態です（図 3-2-1 下）。

図 3-2-1　構造物のモデル化の例

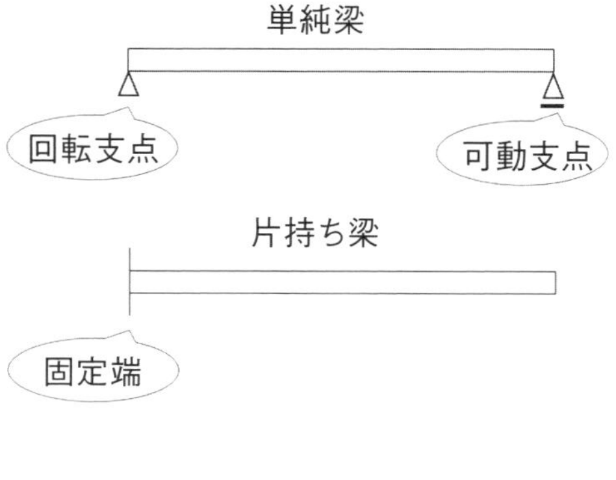

構造物は基本的には静止しています。構造物には自重という鉛直下向きの力が働きますが、支点から地面に荷重が伝達され静止状態です。つまり、支点は構造物が静止するような力で支えているということ。構造物に荷重がかかることで支点は反対方向に力を発生させます。これが**支点反力**で、拘束されていることにより生じる反力です（図 3-2-2）。

図 3-2-2　支点の種類と反力

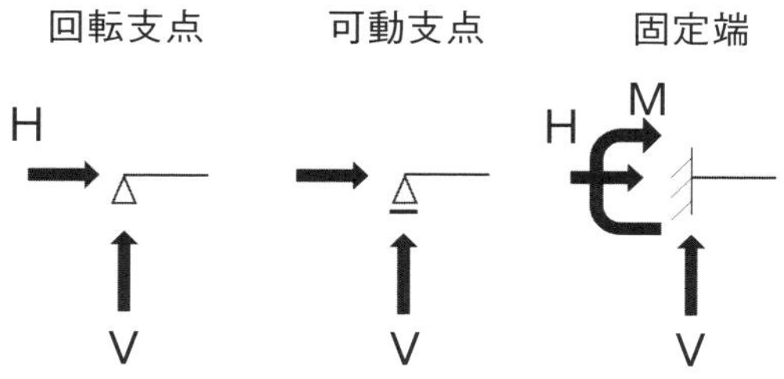

●構造物の安定性

構造物は、外力や荷重などの外力に対してつり合い静止しています。外力による変形もほとんどありません。このように外力に対して変形もほとんどないような構造物を**安定**といいます。また、このような状態でないもの、外力に対して著しく変形してしまうものを**不安定**といい、一番わかりやすい例が、単純梁で両端とも移動支点の場合です。この場合は、地震などの水平力が生じた場合に梁が落ちてしまいます。

●静定・不静定

単純梁にどのように反力が働くのかみてみましょう。回転支点では水平方向と鉛直方向に反力が生じるため、反力数は２つ。可動支点で発生する反力は鉛直方向のみの１つ。反力数の合計は３つです。この単純梁のように反力数の合計が３つの構造を**静定構造物**といいます（図 3-2-3）。

図 3-2-3　静定構造物の例

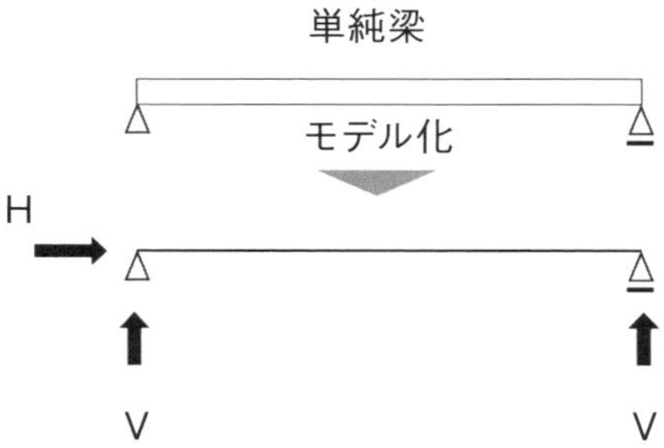

同じように連続梁にどのような反力が働くのか、みていきましょう。同様に回転支点では水平方向と鉛直方向に反力が生じるため、反力数は２つ。中間の可動支点も右端と同様に反力数は鉛直方向の１つ。合計５つの反力が働きます。このように、反力の数が４つ以上ある構造を**不静定構造物**（図 3-2-4）といいます。

図 3-2-4　不静定構造物の例

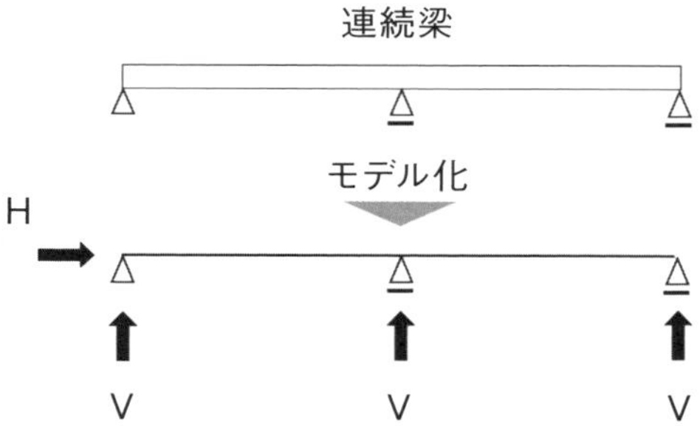

3-3 つり合いの条件と反力の計算

●力のつり合いの条件式

構造物は３つの力のつり合いが成立することで静止します。３つの力のつり合いとは、水平方方向に働くすべての力がつり合っていること、水平方向に働く力の総和が０（ΣＨ＝０）であること。鉛直方向に働くすべての力がつり合っていること。つまり、鉛直方向に働く力の総和が０（ΣＶ＝０）であること。最後に、回転させる力がつり合っていること。つまり、回転モーメントの総和が０であること（ΣＭ＝０）があげられます。外力が働いたときでも、この３つのつり合いが取れていることが条件です。

静定構造物の反力数が３つ以下な理由としては、この３つのつり合いの条件式で反力を求めることができるからです。不静定構造物は、反力数のほうが条件式より多くつり合いの式だけでは、反力数が求めることができないため、手計算により反力の計算を行うことは困難を極めます。

●反力の計算例（力のつり合い）

構造物に荷重が作用したときに断面に生じる力を求めます。このときに必要になってくるのが反力です。まずは、力のつり合いの基本問題を解説します（図 3-3-1）。

図 3-3-1　力のつり合い

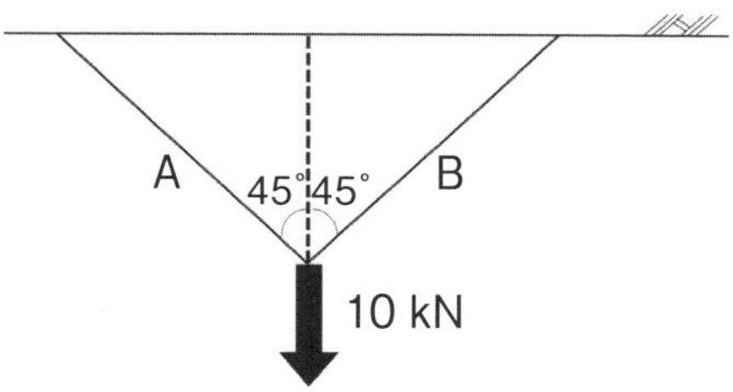

図 3-3-1 を使って、力のつり合いをみてみましょう。まずは部材ごとにどのように力が働くか分解して考えます。力は 1 点にしか働かないので、回転モーメントは生じません。したがって、水平方向と鉛直方向の力のつり合いを考えることで、作用する力がわかります。

A 部材に働く力を Ta、B 部材に働く力を Tb とすると、水平方向と鉛直方向に力を分解して考えます。

水平方向の力は、$Ta\cos45^\circ = Tb\cos45^\circ$ となるため、$Ta = Tb$ となります。

鉛直方向の力は、$Ta\sin45^\circ + Tb\sin45^\circ = P$ となります。

なので、$Ta/\sqrt{2} + Tb/\sqrt{2} = 100\text{kN}$

よって、$Ta = Tb = 70.7\text{kN}$ となります。

●反力の計算例（支点の反力）

梁に力が働いた場合の支点に働く反力の求め方を図 3-3-2 を使って解説します。図の構造物はすべてつり合っているので、水平方向に働く力、鉛直方向に働く力、回転させようとする力の３つがつり合っています。

水平方向の力のつり合いから $Ha = 0\text{kN}$ となります。

鉛直方向の話を考えると、$Ra + Rb = 10\text{kN}$

また、A 点周りのモーメントのつり合いを考えると、$10\text{kN} \times 5 = Rb \times 10$ なので、$Rb = 5\text{kN}$

よって、$Ra = Rb = 5\text{kN}$ となります。

図 3-3-2　反力の求め方

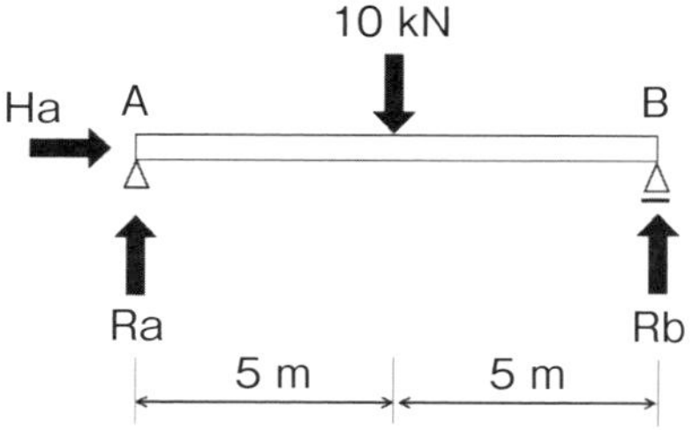

●反力の計算例（単純梁の反力）

単純梁に働く反力の求め方を解説します。図3-3-3に示した反力は、水平方向の外力が作用しないので、Ha ＝ Hb ＝ 0となります。鉛直方向の力を考えると、40kN-Ra-Rb ＝ 0となります。

A点周りのモーメントを考えると、40kN × 6-10 × Rb ＝ 0

Rb ＝ 24kN

なので、Ra ＝ 40kN-24kN

よって、Ra ＝ 16kNとなります。

図3-3-3　単純梁に働く反力の求め方

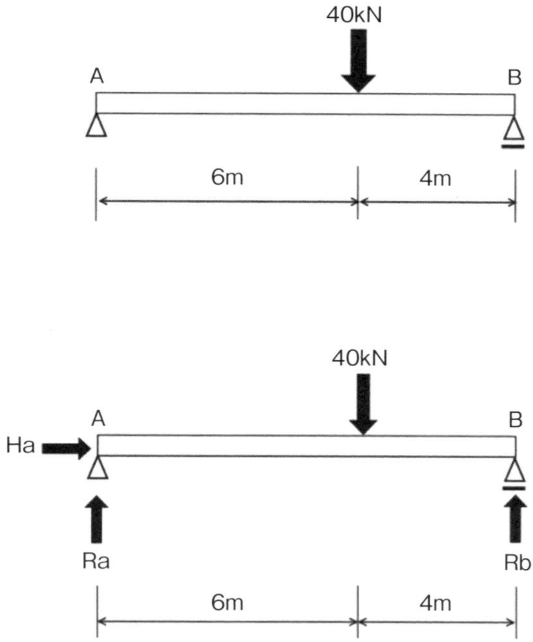

3-4 梁に発生する断面力

●梁の断面力を求める公式

構造物を構成する部材に力が働くと、第2章でも解説したように、軸力（引張、圧縮）、曲げモーメント（部材を曲げようとする力）、せん断力（部材をずらそうとする力）、ねじりモーメント（部材をねじる力）が働きます。

図3-4-1に示すように引張力が作用した場合には、軸方向に変形。軸方向に力が作用する場合の符号は、圧縮方向が負の符号で、引張力が作用する場合は正の符号です。

図3-4-1　軸力が作用した場合の変形

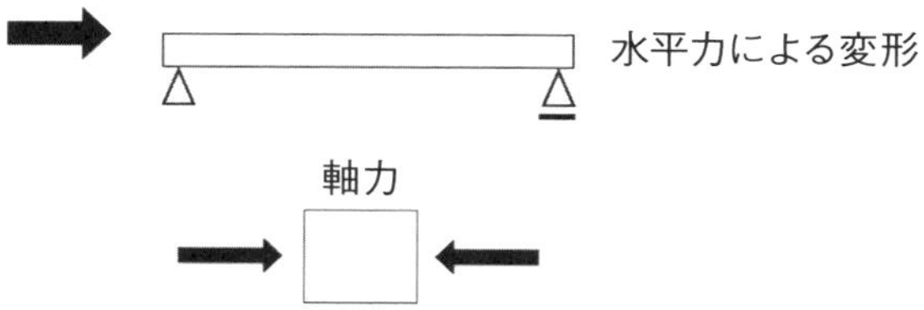

次に単純梁に力が作用した場合、図3-4-2のような変形が生じます。これが曲げ変形とせん断変形です。この場合の変形が生じた場合には、部材の両端には曲げモーメントと、せん断力が生じます。

曲げモーメントが生じた場合、上から荷重がかかり下方向に反るような形の場合には正の符号、逆に下から上向きに荷重がかかり上方向に反るような形の場合は負の符号になります。また、せん断力が生じた場合、図3-4-2のように左側に上向きで右側に下向きの力が働く状態のときが正の符号、逆に左側に下向きで右側に下向きの力が働く状態のときが、負の符号です。

荷重が作用した梁の任意の点の任意の点における断面力を図で示したものが**断面力図**となります。断面力図には、軸力を示した**軸力図**、せん断力をしました**せん断力図**、曲げモーメントを示した**曲げモーメント図**の３つです。

図 3-4-2　単純梁の変形

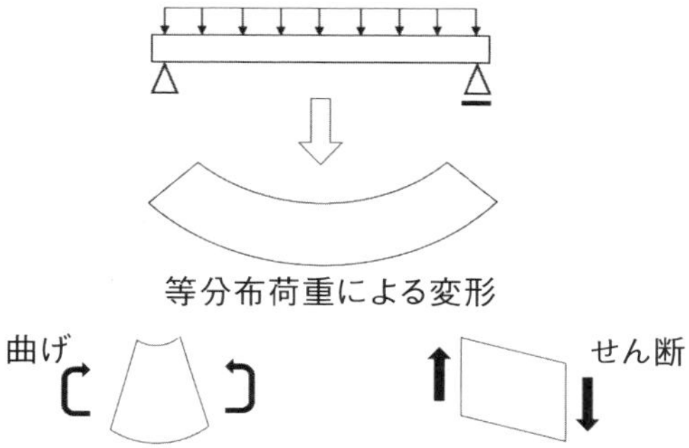

このような断面力図を書けるようになることが構造力学では大切です。例題を交えて解説していきます。

図 3-4-3 の単純梁のせん断力図と曲げモーメント図を求めましょう。まずは、反力を求めます。A 点はヒンジ支点であるため、水平力 Ha と鉛直力 Ra が作用、B 点は可動支点であるため、鉛直力 Rb が作用します。水平方向の力は Ha ＝ 0、鉛直方向の力は Ra ＋ Rb ＝ P です。A 点周りのモーメントを考えると、a × P × L × Rb ＝ 0 となり、Rb ＝ Pa ／ L となります。B 点周りのモーメントを考えると、同様に Ra ＝ Pa ／ L です。反力が求められたら、せん断力と曲げモ－メントを解説します。

図 3-4-3　単純梁の模式図

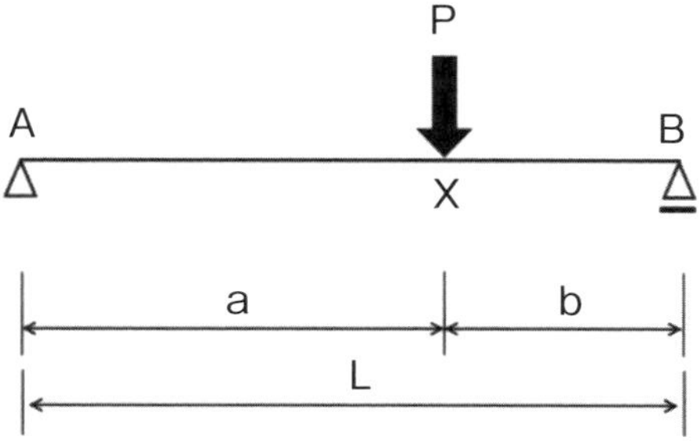

せん断力図と曲げモーメント図を求めるためには、部材の任意の位置でせん断力と曲げモーメントを求める必要があります。荷重の働く場所に着目して場合分けをして考える必要があるため、今回は集中荷重が働く X で分けて、AX と BX の区間に分類します。

AX 区間の場合

図 3-4-4 のように、A 支点から x 離れた位置での断面力を求めます。

Ra-Q = 0 となるため、Q = Ra = P × b ／ L となります。

このように、Ra × x-M = 0 となり、M = Ra × b ／ L × x となります。

図 3-4-4　AX 区間と BX 区間

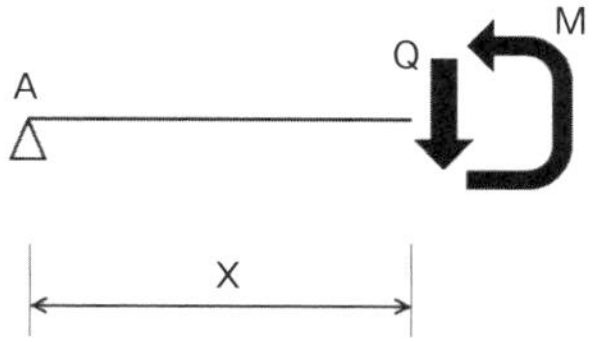

BX 区間の場合

図 3-4-5 のように、A 支点から距離 x 離れた位置での断面力を求めます。鉛直方向の力のつり合いを考えると、Ra － P － Qx = 0

したがって、Qx = Ra － P = Pb ／ L － P = (Pb － PL) ／ L = Pb － P(a+b) ／ L = -Pa ／ L

図 3-4-5　せん断力図と曲げモーメント図

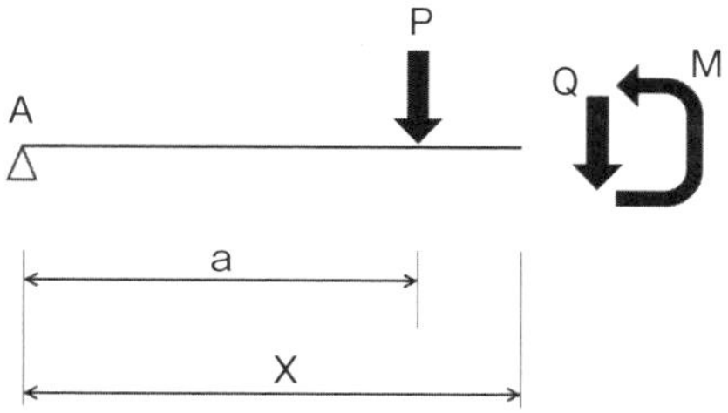

また、同様に時計回りのモーメントを考えます。

Ra × x-P × （x-a）-Mx ＝ 0となり、
Mx ＝ Ra × （x-a） × b ＝ P × b ／ L × x-P × （x-a）
となります。

AX区間とBX区間に作用するせん断力図と曲げモーメント図をまとめると、図3-4-6のようになります。曲げモーメントはxの一次関数となるため、曲げモーメントは直線です。

図3-4-6　梁の公式

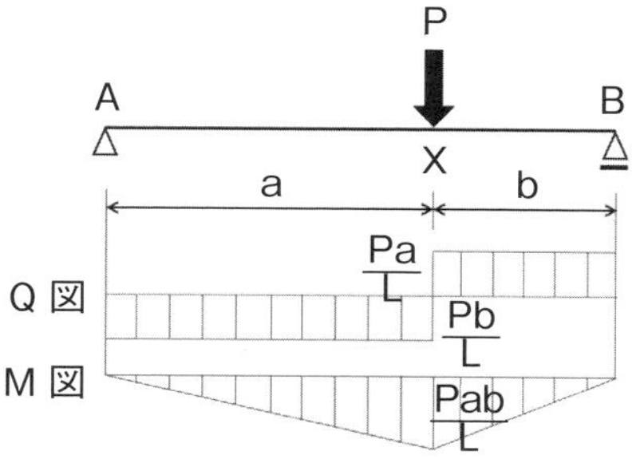

社会人に必須の能力

建設会社で働いて一番大切だと感じた能力についてお伝えします。それは、コミュニケーション能力です。自分の考えや想いを伝えて、協力業者や部下に仕事をしてもらう。これが何より大変です。現場監督だからと、指示をしても動いてくれません。大学を卒業して、求められるのはリーダーとして周りを引っ張っていくことです。むしろ、建設業以外の仕事に就けばなおさら求められるのはリーダーとしての資質となります。経団連の調査によると、人材に求める能力の1位はコミュニケーション能力です。しかも、15年連続で8割以上もの企業があげています。生まれた時代が違えば育ってきた環境も違う。いわゆる価値観がまったく異なります。そんな人たちと一緒に、1つの目標に向けて働くことが社会に出ると当たり前に行われ、異なるバックグランドを持つ人達をまとめることが求められます。学生の方は、学校で工学の知識を学ぶことはもちろん大切です。しかし、アルバイトやインターン、旅行やボランティアなど社会と接点を持ち、さまざまな年齢や背景を持つ人々とふれあい、多種多様な価値観に触れていくことも必要なこと。磨かれたコミュニケーション能力は、どの業界で働く際にも何よりも一番の武器になるので、学生のころに身につけておくべき一番の能力だと思います。

本当にこれが大事です

第4章

コンクリート工学の基礎

現代の社会基盤を整備するうえで、土木構造物をつくるのにコンクリートは必要不可欠です。コンクリートは、水、セメント、骨材と混和材を原料として、安価で形を自由に決めることができ、耐久性や耐火性に富む材料であることから広く利用されています。わが国では、明治以降ポルトランドセメントの技術が輸入されコンクリートの使用が開始されました。本章では、コンクリート工学の基礎について、コンクリートの材料から硬化したコンクリートの性質や劣化機構などを理解しましょう。

4-1 コンクリートの材料

●コンクリートの材料

コンクリートは、水、セメント、細骨材（砂）、粗骨材（石）、混和材を材料として広く利用されている建設材料です。

・**セメント**：灰色の粉末で正式にはポルトランドセメント
・**練混ぜ水**：セメントと反応してセメントペーストを形成する材料
・**細骨材**：0.015 ～ 5mm の砂
・**粗骨材**：5mm 以上の砂利や石
・**混和材料**：コンクリートの品質を改良するため練り混ぜ時に混入する材料

図 4-1-1　コンクリートの材料

●セメント

コンクリートの材料であるセメントは、灰色の粉末でJISにより規定されていて大きく４種類に分けられます。粘土と石灰を高温で焼成して、せっこうを加えて粉砕したものです。セメントは、正式には**ポルトランドセメント**と呼びます。

図 4-1-2　セメントの生成過程

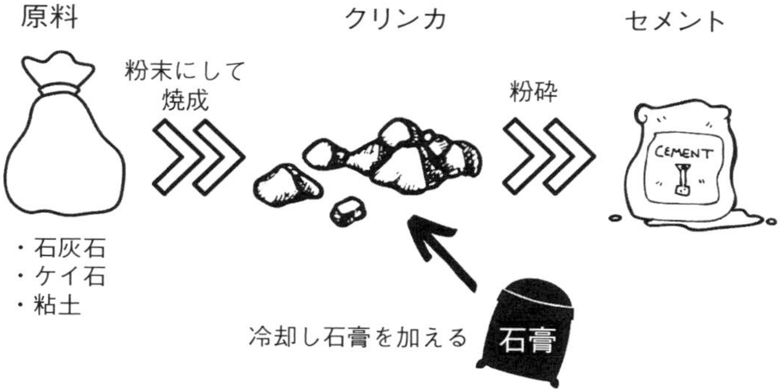

- **ポルトランドセメント**：普通・早強・超早強・中庸熱・低熱・耐硫酸塩
- **ポルトランドセメント（低アルカリ型）**：普通・早強・超早強・中庸熱・低熱・耐硫酸塩
- **混合セメント**：高炉セメント・シリカセメント・フライアッシュセメント
- **エコセメント**：普通・速硬

そのほかに、JISにない特殊なセメントがいくつもあります（白色セメント、アルミナセメント、超速硬セメントなど）。

●練混ぜ水

コンクリートの練り混ぜに使用する水は、JISで上水道水、上水道水以外の水および回収水の３つに分けられ規定されています。

上水道水は特に試験を行わなくても用いることができますが、上水道水以外の水および回収水については、品質試験の基準が定められています。

●骨材

砂、砂利、石のことで、コンクリートの体積の７割～８割を占め、コンクリートの物性に与える影響が大きく重要な材料です。コンクリート標準示方書では以下のように定義されています。

- **細骨材**：10mm 網ふるいを全部通り、5mm ふるいを質量で 85% 以上通る骨材
- **粗骨材**：5mm 網ふるいに質量で 85% 以上留まる骨材

自然にあるものをそのまま使用した**天然の骨材**と、自然にある岩を砕いてつくった**人工骨材**の２種類があり、近年は砕石や砕砂など人工骨材が広く利用されています。

●混和材料

品質改良を目的としてワーカビリティの改良やコンクリートの耐久性の向上のために、用いる材料を**混和材料**といいます。使用量によって、混和材と混和剤に分けられます。

- **混和材**：代表的なものとしては、フライアッシュや高炉スラグなど、コンクリートの長期強度の促進や水密性の向上などを目的として使用する。使用量が多く、コンクリートの配合計算時に体積の計算に含める。
- **混和剤**：代表的なものとしては、AE 剤や AE 減水剤、遅延剤など、使用量を体積の計算に含めない。

4-2 コンクリートの性質

●コンクリート

コンクリートは土木構造物で広く利用されている主要な建設材料です。セメントと水と骨材と混和材から構成されます。骨材をセメントペーストが接着剤のような役割で結合してできる**複合建設材料**です。

図 4-2-1　コンクリートとは

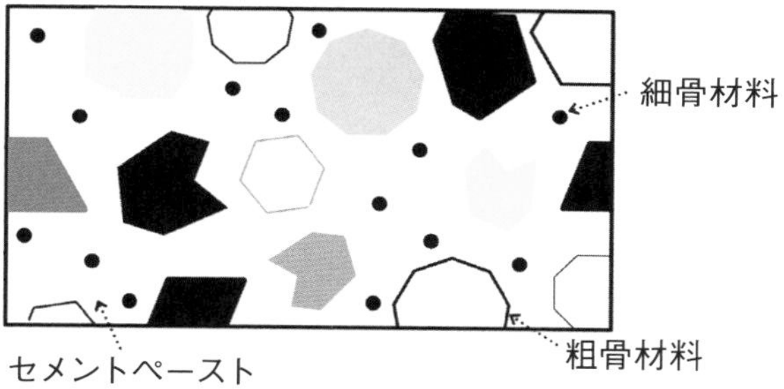

コンクリートは圧縮に強く引張りに弱い材料なので、その弱点を補うために補強材として鉄筋が用いられます。

●配合設計

コンクリートの**配合設計**とは、1m^3のコンクリートをつくるために必要な各材料の使用量を求めたものです。

図 4-2-2　配合設計の模式図

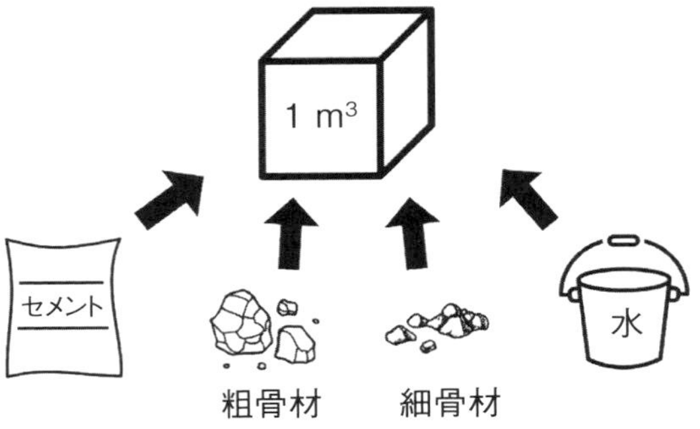

- **水セメント比**（W/C）：単位水量を単位セメント量で割ったもの。水セメント比は65％以下とされている。
- **単位水量**：コンクリート１m^3をつくるときに用いる水の量。上限は粗骨材の最大寸法が 20 ～ 25mm の場合は 175kg/m^3、40mm の場合は 165kg/m^3とされている。
- **単位セメント量**：コンクリート１m^3をつくるときに用いるセメントの量。単位水量と、水セメント比から求める。
- **細骨材率**（s/A）：コンクリート 1m^3当たりの細骨材（S）とすべての骨材（A）の比率。
- **粗骨材の最大寸法**：質量百分率で 90％以上通過するふるいのうち、最小のふるいの呼び寸法。

粗骨材の最大寸法が大きいほど、単位水量、単位セメント量を減らすことができますが、部材の最小寸法や、鉄筋のあき、かぶりを考慮して決める必要があります。

●フレッシュコンクリート

まだ固まらないコンクリートのことを、**フレッシュコンクリート**と呼びます。フレッシュコンクリートの性質を表す用語として、次のようなものがあります。

- **ワーカビリティー**：コンクリート施工の作業のしやすさを表す性質で、コンクリートの運搬・打ち込み・締固め・仕上げなどの作業の容易さ
- **コンシステンシー**：コンクリートの変形および流動に対する抵抗性
- **プラスティシティー**：型に詰め込みやすく、型を取り外すとゆっくりと変形し、形は崩れずに材料が分離せずに粘りをもった性質
- **フィニッシャティー**：コンクリートの仕上げのしやすさ
- **ポンパビリティー**：コンクリートの圧送を可能にするためのコンクリートの品質や性能

コンクリートを適切かつ効率的に施工するには、施工しやすいワーカビリティを有していることが重要です。

図 4-2-3　フレッシュコンクリート

4-3 コンクリートの劣化要因

●塩害

塩害とは、コンクリート中に侵入した塩化物イオンが鋼材を腐食させ、コンクリート構造物の耐久性に影響を与える現象のことです。

通常の硬化したコンクリートは、高アルカリ性であることから鋼材には**不動態被膜**と呼ばれる酸化被膜が生成され、鉄筋は守られた状態にあります。しかし、コンクリートに塩化物イオンが一定量存在することで、不動態被膜が壊され鉄筋が腐食します。

図 4-3-1　塩害による劣化のメカニズム

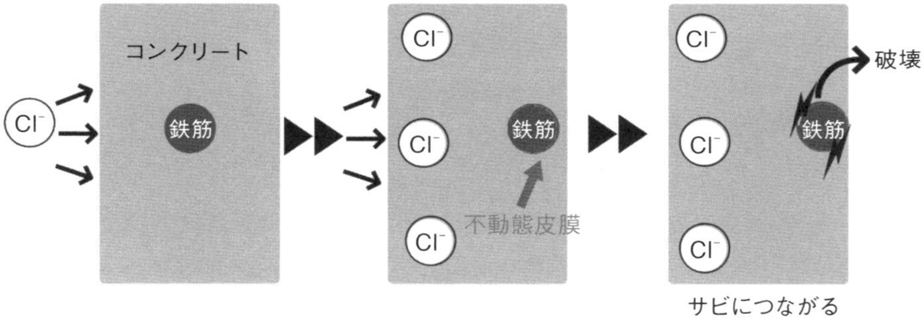

鋼材が参加することで**赤錆**と呼ばれる Fe_2O_3 が生成され鋼材より2倍程度体積が大きいことから、コンクリートに膨張圧力を生じさせ、コンクリートのかぶりに鋼材に沿ってひび割れを生じさせます。

ひび割れを原因として、劣化因子がさらに侵入し、鉄筋の腐食を進行させることで、かぶりコンクリートの剥落や鋼材の腐食により耐力を低下させます。

対策としては、コンクリート中に含まれる塩化物イオンの総量が原則として、$0.30kg/m^3$ と規定されています。また、海に近い沿岸地域等ではエポキシなどの樹脂で被覆した鋼材を使用します。

●中性化

中性化とは、大気中の二酸化炭素がコンクリート中に浸透することで、コンクリートのアルカリ性が低下する現象です。pH が 10 程度まで低下することで鉄筋の不動態被膜が破壊され鉄筋が腐食します。

密実なコンクリートほど中性化の進行は遅くなります。中性化が進行しやすい条件として、二酸化炭素の濃度が高く、湿度が低く、温度が高いほど、中性化の進行は進みやすいといわれています。

図 4-3-2　中性化による劣化のメカニズム

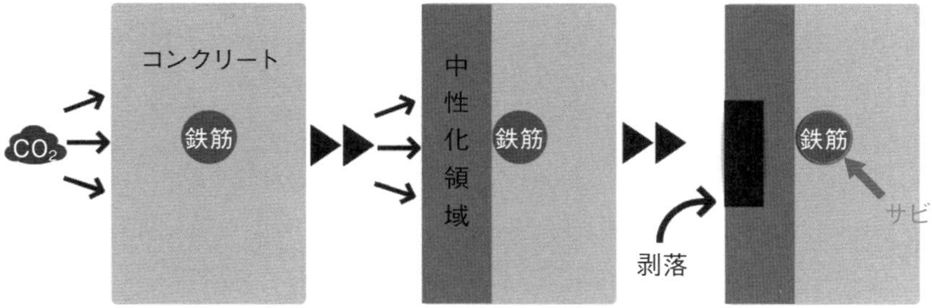

●アルカリシリカ反応

セメントなどに含まれるアルカリ分と、骨材に含まれる反応性シリカが反応して**ゲル生成物**を生じます。このゲル生成物が水を吸うことで、膨張して圧力を生じる現象です。コンクリートに亀甲状のひび割れが生じます。

対策としては、大きく次の３つがあります。

・反応性骨材を使用しない
・高炉セメントまたはフライアッシュセメントを使用する
・コンクリート中の総アルカリ量を 3.0kg/m^3 と制限する

図 4-3-3　アルカリシリカ反応で劣化した構造物

一度、アルカリシリカ反応が起きてしまうと劣化の進行を遅らせることが難しいため、配合の段階でアルカリシリカ反応を抑制する材料の選定が大切です。

●凍害

コンクリート中の空隙に存在する水分が凍結と融解を繰り返すことにより、コンクリートが劣化していく現象です。液体の水は、硬化することで体積が膨張します。水が膨張した際に生じる圧力で、コンクリートにひび割れが生じます。水分の凍結と溶解を繰り返し、徐々にコンクリートを破壊していきます。

●科学的浸食その他

コンクリートはアルカリ性ですが、硫酸や塩酸などの酸はセメントの水和物を分解してコンクリートを劣化させる現象が**科学的浸食**です。日本では温泉地域などでは、酸によるコンクリートの劣化が生じています。また、下水道では硫化水素が酸化することで、硫酸を生成することでコンクリートが硫酸により劣化する事例が報告されています。そのほかには、すり減りやエフロレッセンスなどの原因でも劣化します。

4-4 鉄筋コンクリート工学

●鉄筋コンクリートとは

圧縮に強く引張に弱いコンクリートと引張に強い鋼材を組み合わせた鉄筋コンクリート（RC）は土木構造物に必要不可欠です。それぞれ異なる材質である鉄筋コンクリートが外力に対して一体となって抵抗します。

図 4-4-1　鉄筋コンクリートの模式図

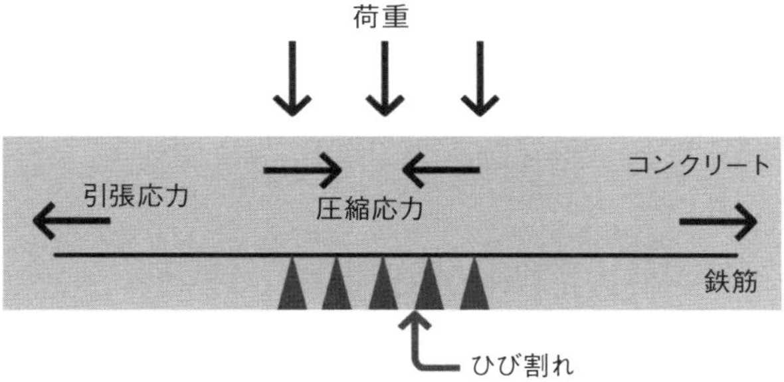

鉄筋コンクリートが成立する条件として、次の３つの性質があるからです。

・線（熱）膨張係数がほぼ等しい
・鉄筋とコンクリートの付着が十分
・不動態被膜により鉄筋が守られ、錆びにくい

さらに鉄筋コンクリートの利点としては、耐久性や耐火性に優れ、自由に形や形状を変えられることです。しかし、コンクリート自体の重さが重く、施工による品質が異なることがあげられます。

表 4-4-1　鉄筋コンクリートの長所・短所

長所	短所
・安価で経済的 ・自由な形状、寸法にできる ・材料の入手が容易で広く普及している	・ものが重い ・品質が施工に左右される ・劣化要因によっては修復が困難 ・一度つくると取り壊しが困難 ・局所的に破損する可能性がある

●鉄筋コンクリートの性質

鉄筋コンクリートは鉄筋とコンクリートの複合構造であり、鉄筋コンクリートの外力を受けた際の変形量や強度は、それぞれコンクリートや鉄筋の材質によって異なります。それぞれ詳しく解説していきます。

コンクリート

コンクリートの強度は圧縮強度、曲げ強度、引張強度などがありますが、設計でもちいるのは設計基準強度であり、この強度は材齢28日における標準供試体の強度試験の値を用います。

鉄筋

鉄筋コンクリート構造に使用する鋼材は、普通丸鋼と異形鉄筋の2種類があります。異形鉄筋の表面には凹凸状の「リブ」「ふし」が設けられていることで、表面積を増やしています。これは、鉄筋はコンクリートとの付着性を高め、引き抜き力に抵抗するために表面積を増やす効果があり、土木構造物では一般的に異形鉄筋が使われています。

表 4-4-2　鉄筋の JIS 規格

種類の記号	降伏点または耐力	引張強さ	曲げ性	
	N/㎟	N/㎟	内側半径	
SR235	235以上	380-520		公称直径の 1.5倍
SR295	295以上	440-600	径 16㎜以下	公称直径の 1.5倍
			径 16㎜超え	公称直径の 2倍
SD295A	295以上	440-600	呼び名 D16以下	公称直径の 1.5倍
			呼び名 D16超え	公称直径の 2倍
SD295B	295-390	440以上	呼び名 D16以下	公称直径の 1.5倍
			呼び名 D16超え	公称直径の 2倍
SD345	345-440	490以上	呼び名 D16以下	公称直径の 1.5倍
			呼び名 D16超え D41以下	公称直径の 2倍
			呼び名 D51	公称直径の 2.5倍
				公称直径の 2.5倍
SD390	390-510	560以上	呼び名 D25以下	公称直径の 2.5倍
SD490	490-625	620以上	呼び名 D25超え	公称直径の 3倍

図 4-4-2　鉄筋（組み立て完了）

4-5 鉄筋コンクリート（プレストレストコンクリート）

●プレストコンクリートとは

プレストレストコンクリートとは、引っ張りに弱いコンクリートに対して**PC 鋼材**と呼ばれる鋼材を引っ張り、定着させせることで圧縮応力を導入しコンクリートの性質を改善するものです。**PC**（Prestressed Concreate）と呼ばれます。

RC 構造にくらべて部材断面を小さくすることができるので、自重を減らすことができることから長いスパンの橋梁に用いられます。実際にプレストレストコンクリートを使用した構造物としては、橋梁や PC タンクなどがあります。

プレストレストコンクリートの施工の注意点としては、設計・施工にあたっては緊張力の導入・定着、グラウト材の注入や PC 鋼材の取り扱いなど特有の技術が必要になります。

図 4-5-1　PC を用いた土木構造物（斜張橋）

図 4-5-2　PC を用いた土木構造物（エクストラドーズド橋）

●プレストコンクリートの施工方法

プレテンション方式

工場などでPC枕木などの小さな構造物を作る際によく用いられます。この方式は、PC鋼材を両端で緊張した後にコンクリートを打設します。コンクリートの硬化後定着し緊張力を解放します。

図 4-5-3　プレテンション方式

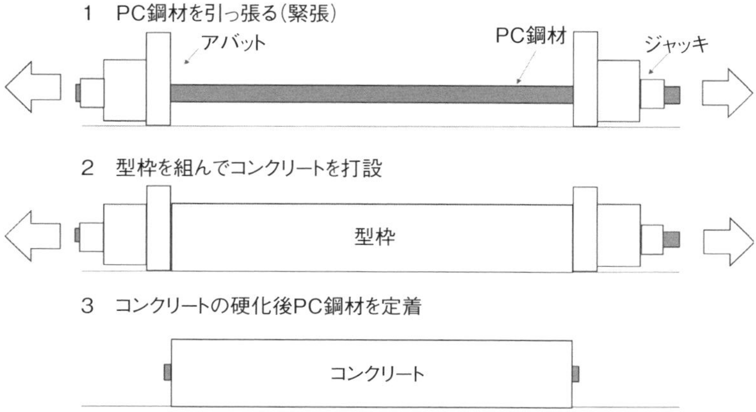

ポストテンション方式

橋梁などの工事で大型の構造物をつくる際に用いられます。この方法はコンクリートが固まってから PC 鋼材を緊張して定着させます。緊張器具や定着器具を用いて作業します。

図 4-5-4　ポストテンション方式

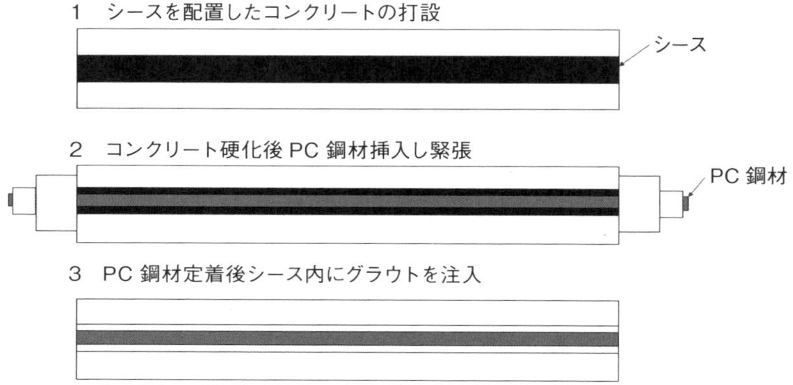

第5章

水理学の基礎

河川堤防や下水道管渠《かんきょ》海中構造物をつくる際、建設物の安全性、作業の安全性を確保するためにも、水中で働く力や水の流れなどについて考慮しなければなりません。本章では、水理学の基本となる流れの性質や流速などの計算式、基本となる定理について理解しましょう。

5-1 水の流れ（流速・流量）

●水の性質と流れ

水などの流体は本来粘性があるため、一定の速度で流れ続けることはありません。これらの流体を**粘性流体**と呼びます。また、圧力を加えると体積が変わる流体を**圧縮性流体**と呼びます。これに対して、粘性がないものを**非粘性流体**、圧力を加えても体積が変わらない流体を**非圧縮性流体**と呼びます。この２つの性質を持った流体を**完全流体**と呼び、粘性も圧縮性もない理想の流体です。水の流れは、時間が経過しても流れが変化しない定常流と流れが変化する非定常流に分類されます（図 5-1-1）。

図 5-1-1　定常流れと非定常流れ

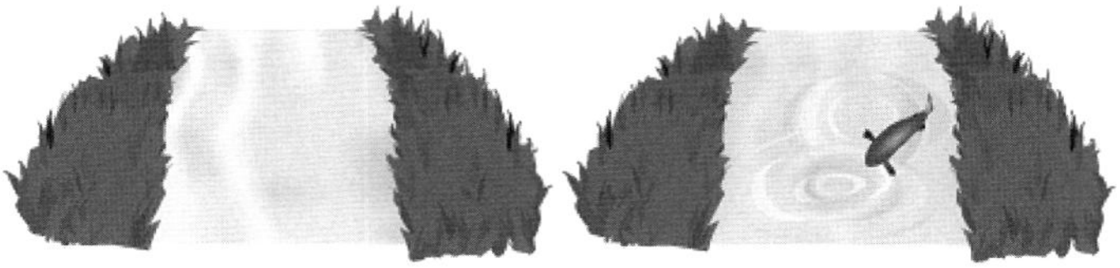

定常流れ　　非定常流れ

●平均流速と流量

平均流速とは、ある断面を流れる水の平均的な速度のことです。平均速度の求め方はさまざまありますが、広く使われているのがマニングの式です。

$$v = \frac{1}{n} R^{\frac{2}{3}} I^{\frac{1}{2}}$$

粗度係数 n は、水路の水が流れる面の粗さを示しています。管渠においては、塩化ビニル管のような面が滑らかなものは粗度係数が低く、反対にコンクリートのような面が粗いものは粗度係数が高くなります（表 5-1-1）。

表 5-1-1　粗度係数の比較表

水路の状況	n の標準値
塩化ビニル管	0.010
コンクリート管	0.013
コルゲートメタル管（I 型）	0.024
コルゲートメタル管（II 型）	0.033

径深《けいしん》とは、水が流れる断面の面積である流積 A を水が接する長さである潤辺 s で割ったものをいいます（図 5-1-2）。

$$R = \frac{A}{S}$$

流量 Q とは、単位時間で流れる水の量のことをいいます。これらは、平均流速 V と水が占める面積である流積 A を用いて、次式で表されます。

$$Q = AV$$

図 5-1-2　流積Aを水が接する長さである潤辺S

断面が異なる水路に水が流れて、ほかから水の流入がない場合、それぞれの断面で流れる流量は一定となります。これを表した式を**連続の式**と呼びます。

$$Q = A_1V_1 + A_2V_2 = 一定$$

5-2 ベルヌーイの定理

●ベルヌーイの定理

管路を完全流体が一定常流で流れる際、エネルギー保存則によって、次の式が成り立ちます（図 5-2-1）。

$$\frac{v_1^2}{2g} + z_1 + \frac{p_1}{\rho g} = \frac{v_2^2}{2g} + z_2 + \frac{p_2}{\rho g} = \text{一定}$$

図 5-2-1　管路の流れの模式図（完全流体の場合）

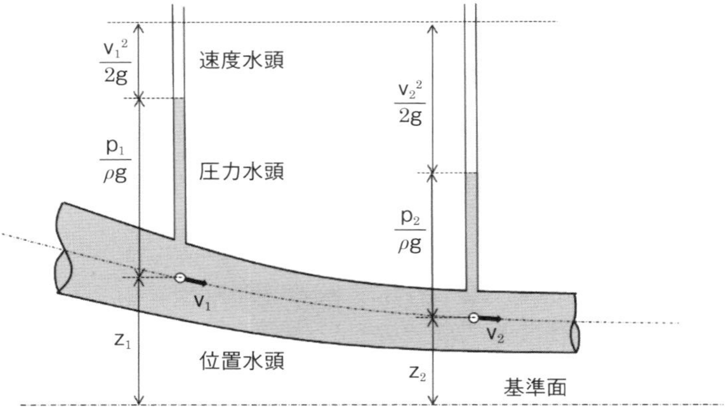

これを**ベルヌーイの定理**と呼びます。各項は､速度を表すものを速度水頭､位置を表すものを**位置水頭**、圧力を表すものを**圧力水頭**と呼び、すべてを足し合わせたものを**全水頭**と呼びます。また、位置水頭と圧力水頭を足したものを**ピエゾ水頭**と呼びます。

一方で、完全流体ではなく、現実の水のような粘性流体が流れた際は、粘性による摩擦でエネルギーが損失されます。このエネルギー損失を h_1 とすると、**ベルヌーイの式**は次の式のように表されます。

$$\frac{v_1^{\,2}}{2g}+z_1+\frac{p_1}{\rho g}=\frac{v_2^{\,2}}{2g}+z_2+\frac{p_2}{\rho g}+h_l$$

ピエゾ水頭の差を結んだ線を動水勾配線、全水頭の差を結んだ線を**エネルギー線**と呼びます（図 5-2-2）。

図 5-2-2　管路の流れの模式図（粘性流体の場合）

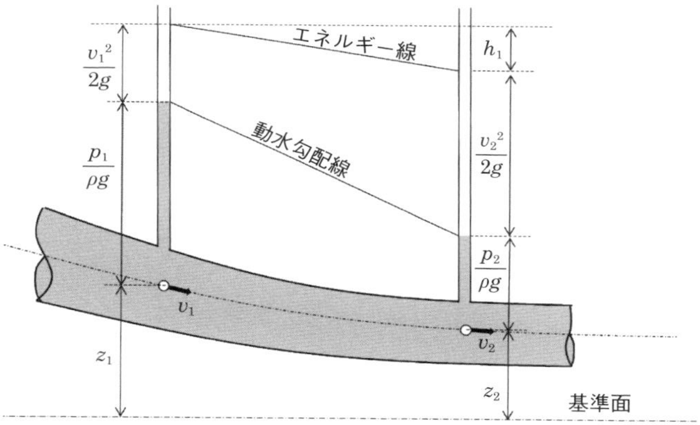

●オリフィス

水を流出させるために、水槽や貯水槽、水路などに孔をあけた構造を**オリフィス**と呼びます（図 5-2-3）。

図 5-2-3　オリフィスの模式図

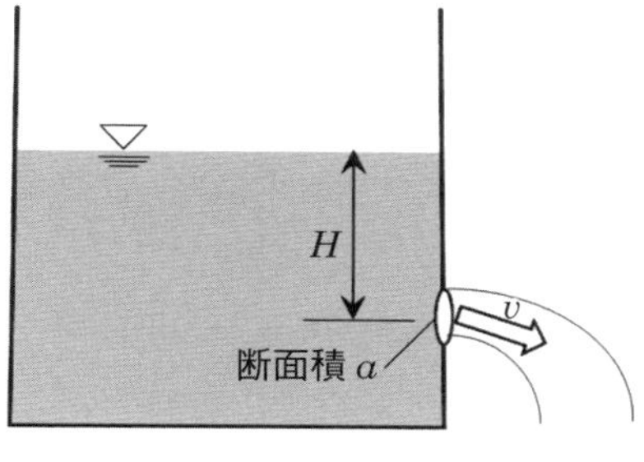

オリフィスからの流速 v と流量 Q は、下記の式で表されます。

$$v = \sqrt{2gH}$$

$$Q = C_a C_v a\sqrt{2gH} = Ca\sqrt{2gH}$$

C_a：収縮係数、C_v：流速係数、C：流量係数

デザインマンホール（その１）

現在、全国各地で話題となっているのがデザインマンホールです。人々の快適な暮らしを支える土木構造物の代表的である下水道。マンホールはいたるところにあるのですが、その蓋が今ではちょっとした観光スポットになっています。有名なアニメやゲームとコラボしていて、貴重な観光資源です。世界中で有名なアニメでもあるポケモンの蓋は、ポケフタと呼ばれ今や全国各地に展開されています。著者も観光に行ったときには、思わずポケフタの場所を調べてついでに写真を撮っていて、むしろその写真を撮るために、観光地を決めている場合もあるくらいです。

5-3 水の流れ（層流・乱流）

●粘性流体の基礎方程式

実際に水理学で取り扱う流れは、粘性の作用を無視することはできません。実際の水の動きにより近い粘性流体では、壁面のすべりなしの条件だけでなく、流体の各部分にせん断力が作用します。

実際に水道管に水が流れる様子を想像してみてください。水道管の中心では水の流速 v とすると、水道管の内面付近における水は、粘性の作用によりスリップせずに付着するため流速は0となります。そのため、管の近傍を中心の流速がある部分に向けて引っ張ります。一方、管内面から離れた管の中心では、速度 v の流れに対して、反対側に抵抗する力が働きます（図 5-3-1）。その力を**せん断応力**といいます。このせん断応力 τ は水や空気の場合、一定の定数を用いて以下の式で示すことができます。

$$\tau = \mu \,(v/h)$$

図 5-3-1　せん断応力

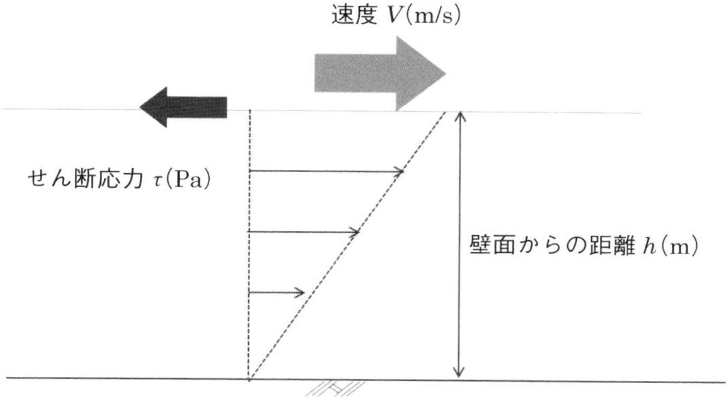

このように、一定のμで一次線形挙動を示す流体を**Newton 流体**といいます。μは粘性係数で水や空気はNewton 流体です。また、高濃度の物質を含む流体はμが一定ではなく、**非 Newton 流体**といいます。この流体は粘性係数μを密度で割ったものを動粘性係数νで表します。一般的には20℃での水の動粘性係数は1.00 × 10-6 m^2/s 程度です。

●層流と乱流

流れの状態には、層流と乱流の２つがあります。**層流**とは、水粒子の流れが乱れることなく規則正しく流れる状態です。また、**乱流**とは、水粒子の流れがさまざまな方向に不規則に流れる状態のことを指します（図 5-3-2)。

図 5-3-2　層流と乱流

層流と乱流の区別は、レイノルズ数R_eの大きさによって変化します。

$$R_e = \frac{Vd}{\nu}$$

●レイノルズ数

レイノルズ数とは無次元の係数で次式のとおり表されます。dは対象物体の代表長さ、υは流体の動粘性係数です。レイノルズ数が2,000 程度以下で**層流**、2,000 ～ 4,000 程度を**遷移領域**と呼び、4,000 程度以上を**乱流**と呼びます。

$$Re = \rho Ud/\mu$$

ρ：流体の密度（kg/m^3）、 U：流速（m/s）、 d：管の内径（m）、 μ：

粘性係数（Pa・s）

層流と乱流の違いを示す実験を行い、層流と乱流の違いについてどんな条件で層流と乱流になるのか解説し、明らかにしたのがイギリスの物理学者レイノルズです。流体の乱れの発生原因は、流体の密度 ρ（kg/m^3）、流速 U（m/s）、管の内径 d（m）、流体の粘性係数 μ（Pa・s）に関係することが判明しました。

通常の状態では、層流と乱流の境となる限界レイノルズ数は 2,000 ～ 4,000 程度ですが、撹乱を極端に抑えた環境では、24,000 までレイノルズ数を高めることができます。

しかし、一般的にはある程度以上レイノルズ数が大きくなると、些細なきっかけで層流は容易に乱流になってしまいます。乱流から層流へ遷移するより、層流から乱流へ移行する際のほうが限界レイノルズ数は大きいです。つまり、同じ流速でも乱流から層流へは遷移しづらいということです。一般的に水理学で取り扱う流れの Re は数万以上になるため、大半は乱流となります。

工事写真

「ふかしの写真は必ず撮れよ」と、現場に配属されてすぐに上司にいわれました。もちろん著者の頭に「はてなマーク」。「ふかし＝不可視」という意味で完成したら見えなくなる部分のことです。現場を管理する立場になると、安全や工程、品質の管理を並行しながら施工状況の写真を撮る習慣ができるようになるまで、上司から口酸っぱく「写真を撮れ」といわれました。手間がかかるうえに目立った成果につながらない写真の管理。でも、工事を管理するうえでは必要不可欠です。若手のころから写真を撮る技術をしっかりと身につけておきましょう。自戒を込めて。

5-4 水の流れ（常流・射流）

●常流と射流

水の流れは水位によって常流と射流に分かれます。**常流**とは、長波の伝播速度よりも水の流速が遅い状態をいいます。また、**射流**とは、伝播速度よりも流速が速い状態のことをいいます。そのため、常流の流れでは、下流部で水位の変化があった場合など、上流部へその影響が波として伝わることになります。反対に、射流の場合はその影響が上流には伝わらず、下流にのみ伝わることとなります。

水が堰などを越流する際、その流れが常流か射流かによって、堰の前後で水位が変化します。射流から常流へ変化する際、流れが持つ前後のエネルギーを調整するために、**跳水**《ちょうすい》という渦が生じます（図 5-4-1)。

図 5-4-1　跳水の模式図

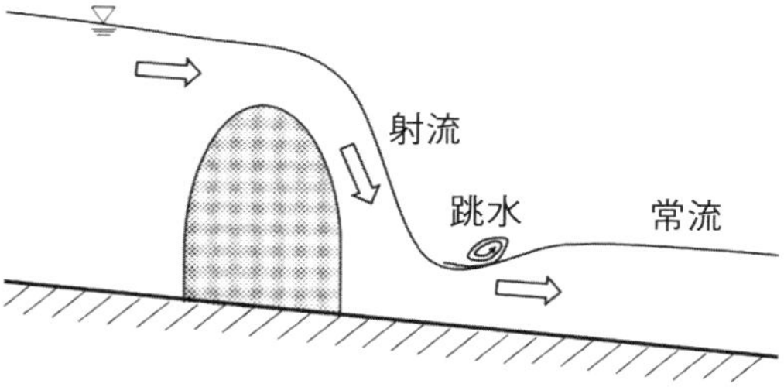

●比エネルギー

開水路の流れに置いて、水路床を基準として、水路床からエネルギー線までの高さ E を**比エネルギー**と呼びます（図 5-4-2)。

$$E = \frac{v_2}{2g} + H = \frac{Q^2}{2gA^2} + H$$

図 5-4-2　比エネルギーの模式図

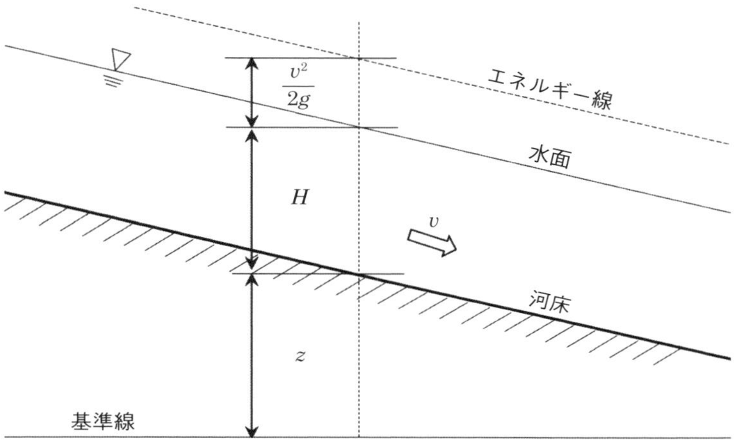

比エネルギーを流量 Q が一定とした場合、比エネルギーと水深 H の関係をグラフに表すことができます。図 5-4-3 の E － H 曲線については、ある比エネルギー E に対して、2つの水深があることがわかります。また、比エネルギー E が最少となるときの水深を**限界水深** Hc と呼びます。これより、流量が一定の場合でも、水深により複数の比エネルギーをもつ流れがあることがわかります。

図 5-4-3　E-H 曲線

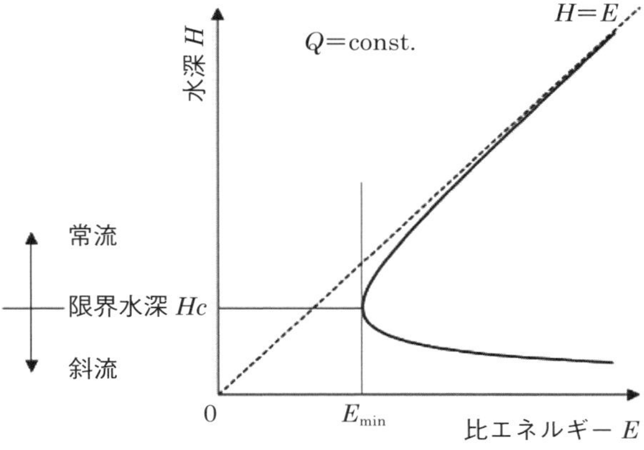

また、比エネルギーを一定とした場合においては、流量と水深の関係をグラフに表せます。図 5-4-4 の Q-H 曲線について、ある流量に対して比エネルギー E が最小となるときの水深は限界水深 Hc で、またある比エネルギー E のもとで流量 Q が最大となるときの水深も同様に限界水深 Hc です。

図 5-4-4　Q-H 曲線

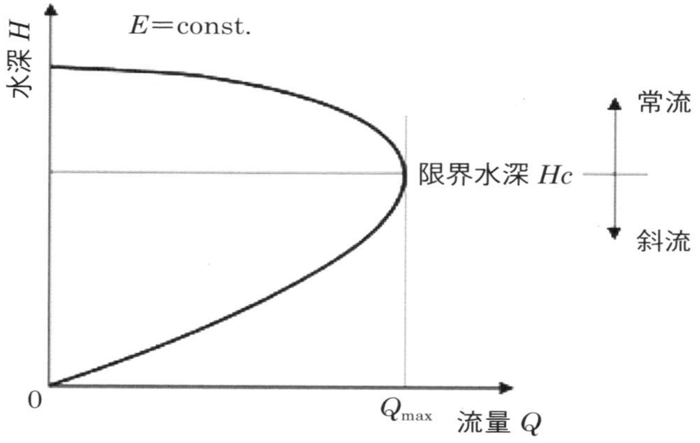

●フルード数と限界水深

長波の伝播速度$\sqrt{gH}$と水との流速 v の比を**フルード数** F_r と呼びます。

$$F_r = \frac{v}{\sqrt{gH}}$$

フルード数が1を超えるか超えないかによって､常流と射流を判別します。また、常流か射流か変化する水深を**限界水深** Hc と呼びます。限界水深より水深が大きい場合は常流、小さい場合は射流となります。フルード数が1となる場合（水深が限界水深が等しくなる場合）の流れを**限界流**と呼びます。

常流	Ｆｒ＜１	Ｈｃ＞Ｈ
限界流	Ｆｒ＝１	Ｈｃ＝Ｈ
射流	Ｆｒ＞１	Ｈｃ＜Ｈ

第6章

土質力学の基礎

地面の上や下に構造物を建設する際、施工中の安全確保や構造物の変形防止、施工後に地震や豪雨などが発生した際の被害を最小限にするように計画を立てていく必要があります。土の状態に応じて適切な工法を選択していくために、現場の土の状態を把握することが重要です。本章では、土質力学の基礎である土の性質を調べるための試験方法やその結果でわかる土の特性などについて理解しましょう。

6-1 土圧

●クーロンの土圧理論

土中にある物体に働く土圧を検討する場合、最も一般的に用いられているのがクーロンの**土圧理論**です。土圧は地表面から深くなるほど大きくなります（図 6-1-1）。

図 6-1-1　クローンの土圧理論

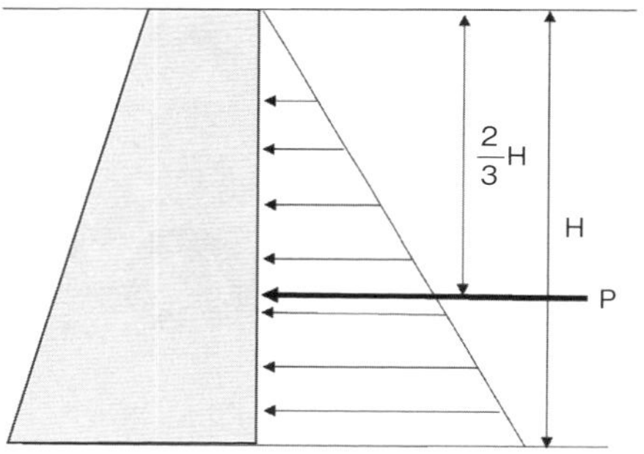

このとき、土中の構造物を土圧から離れる方向へ徐々に傾けると、土圧は急激に低下し、ほぼ一定の強さとなります。これを**主働土圧**と呼びます。一方で、構造物を土圧に向かう方向へ徐々に傾けると、土圧は増加し、ほぼ一定の強さとなります。これを**受動土圧**と呼びます（図 6-1-2）。

クーロンの主働土圧：

$$P_a = K_a \times \gamma_t H \times \frac{H}{2} = \frac{1}{2} K_a \gamma_t H^2 \qquad (K_a \text{：主働土圧係数})$$

クーロンの受動土圧：

$$P_p = K_p \times \gamma_t H \times \frac{H}{2} = \frac{1}{2} K_p \gamma_t H^2 \qquad (K_p \text{：受動土圧係数})$$

図 6-1-2　主動土圧と受動土圧

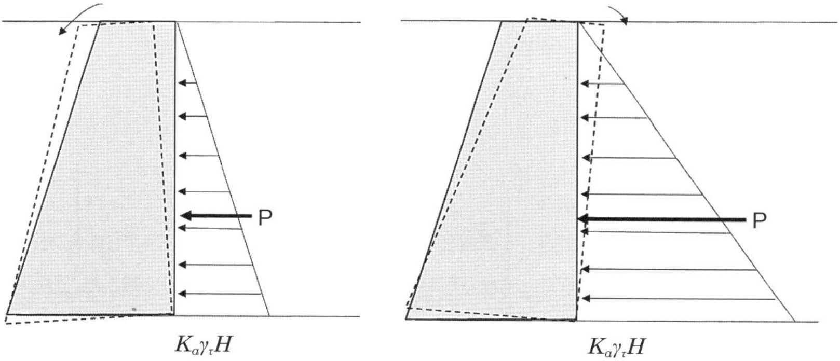

受動土圧＞静止土圧＞主働土圧

構造物を傾けずに静止した状態で作用する圧力を**静止土圧**と呼びます。

●計算例

砂質地盤を掘削する際、背面土砂が崩れないように土留めを設置する必要があります。このとき、土留めが崩壊しないために必要な土留めの根入れ長を求めます（図 6-1-3）。この場合、土圧は土留めの背面から土圧を押し出す主働土圧と、根入れ部分が押し出す受動土圧が相互に働くので、それぞれを求めます（図 6-1-4）。

$$\text{主働土圧：}P_a = \frac{1}{2}K_a\gamma_t(H+D)^2$$

$$\text{受動土圧：}P_p = \frac{1}{2}K_p\gamma_t D^2$$

次に土留めの底部からモーメントのつり合いを考えます。

$$\frac{1}{2}K_p\gamma_t D^2 \times \frac{1}{3}D - \frac{1}{2}K_a\gamma_t(H+D)^2 \times \frac{1}{3}(H+D) = 0$$

以上より、必要な根入れ長は $\mathbf{D} = \dfrac{H}{(\frac{K_p}{K_a})^{\frac{1}{3}}-1}$ となります。

図 6-1-3　根入れ長さの検討

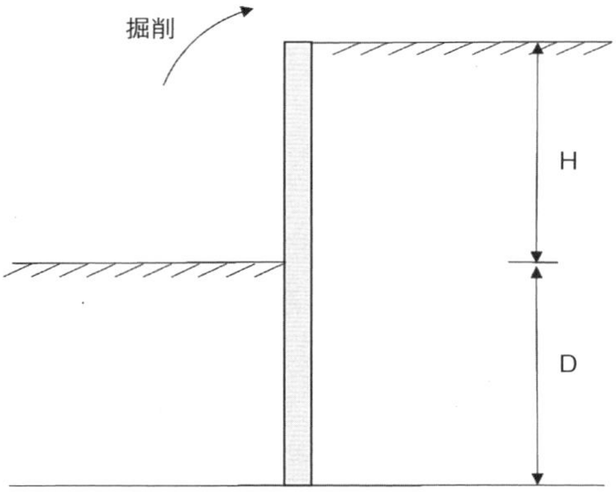

図 6-1-4　土留めに作用する力

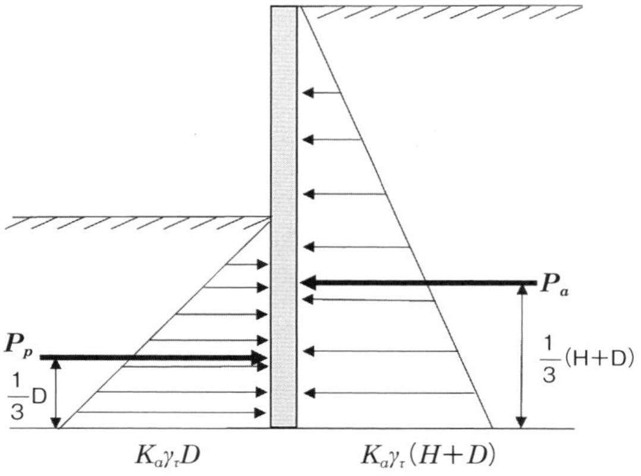

6-2 土の性質と調査・試験（室内試験）

●土質調査

土質調査は、主に土の判別や分類、力学的性質、土工材料の適否などについて調べるために室内で行う**室内試験**と、主に土のせん断強さや地盤の支持力、岩盤の風化状態、地下水位の高さなどを調べるために現場で行う**原位置試験**の２つに分類されています。

●室内試験

含水比試験

土の中の含水量の割合を示す、含水比 W を求めます。同じ土でも、含水比の大小によって、土の状態や支持力がまったく異なります。試験方法は、①自然の水を含んだ土の質量 m を図り、②その土を乾燥させた後、土粒子の質量 m_s を求めることで算出します（図 6-2-1)。

図 6-2-1　土の含水比試験

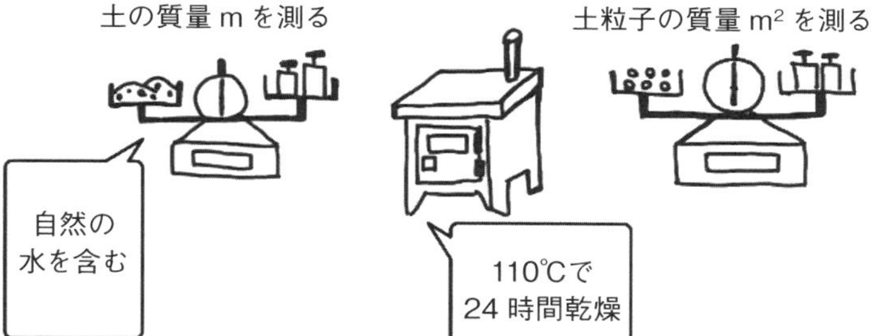

土のコンシステンシー試験

コンシステンシーとは、柔らかさの程度を示す指標で、土は土中の含水比の大小により硬軟が変化します。固体状と半固体状の堺となる含水比を**収縮**

限界 W_s、半固体状と塑性状の堺は**塑性限界** W_p、塑性状と液状の境を**液性限界** ρ_1 と呼びます（図 6-2-2）。

$$I_p = w_l - w_p$$

図 6-2-2　土のコンシステンシー

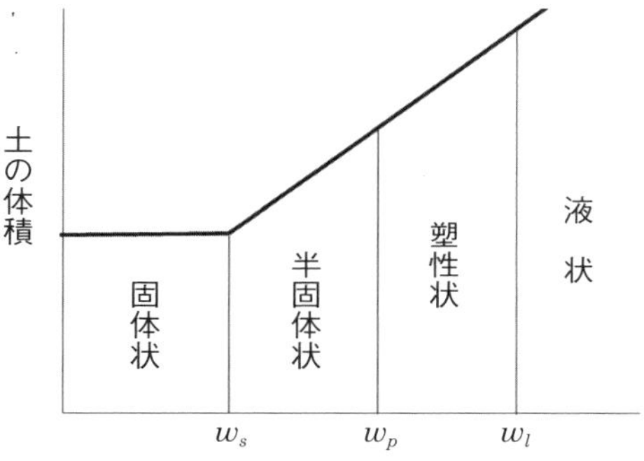

また、塑性限界と液性限界を用いて、施工上の容易さの程度を示す塑性指数 I_p を算出します。現場の含水比から土の状態を把握することで、現場で使用する機械や施工方法を決定します。

土粒子の密度試験

密度 W_s は、土の粒度や締固め管理など、土工で多く利用されています。土粒子の密度が大きい土は、十分に締固め管理を行うことで強い支持力をもつことになります。土の体積は、ピクノメータを用いて、土粒子と同じ体積の水の質量から求めます（図 6-2-3）。

図 6-2-3　土粒子の密度試験

①土粒子の密度を求める式

$$\rho_w = m_s / V_s$$

$$= \frac{\text{炉乾燥試料の質量}(m_s)}{\text{試料の体積}(V_s)}$$

②土粒子の体積を求める式

$$V_s = (m_s + m_a - m_b) / \rho_w$$

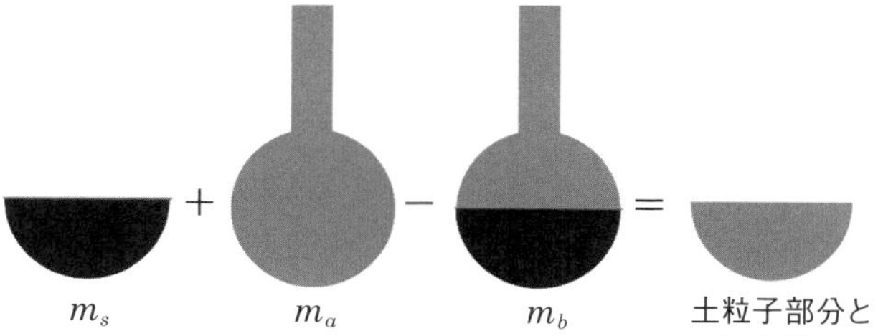

m_s：炉乾燥試料の質量(g)
m_a：ピクノメータの質量(g)
m_s：T℃の水を試料を満たした
ピクノメータの質量(g)

6-3 土の性質と調査・試験（原位置試験）

●原位置試験

標準貫入試験

地盤の支持力や硬軟を判断する指標であるN値の算出が目的です。**標準貫入試験**は、重さ約63.5kgのサンプラー（試験採取用の鋼管）を高さ75cmから落下させ、30cmの貫入に要した打撃回数です（図6-3-1）。

図6-3-1　標準貫入試験

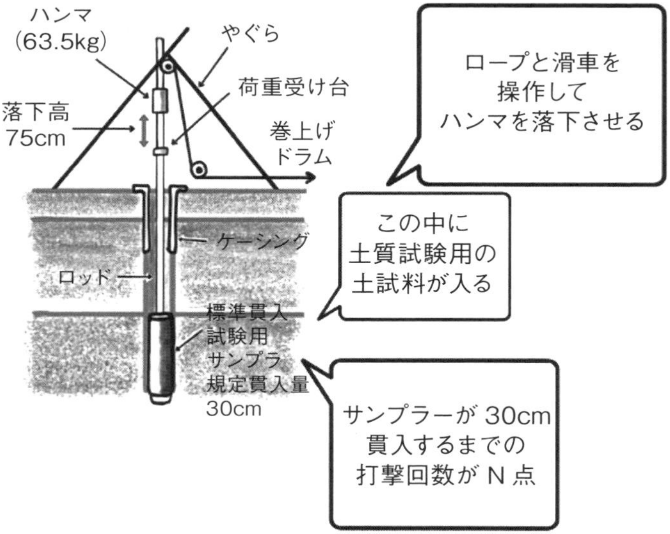

平板載荷試験

締固め後の路盤や路盤の支持力を表す地盤係数K値を求めることを目的としています。**平板載荷試験**は油圧ジャッキで鋼製の載荷板を圧入し、その時の圧力（荷重）と載荷板の沈下量を測定して、K値を求めます。K値が大きいと、支持力の大きいよく締固まった地盤といえます。

コーン貫入試験

地盤の硬軟を判断し、建設機械の種類を判別するためにの試験です。先端にコーン（円錐形）が取り付いたロッドを1cm/sの速さで貫入させます（図6-3-2）。その際の抵抗値をコーンの底面積で割った値であるコーン指数（q_c）を求めます。コーン指数が大きいと、よく締まった硬い地盤といえます。この試験をもとに、使用する建設機械の種類を選定します。

図 6-3-2　コーン貫入試験

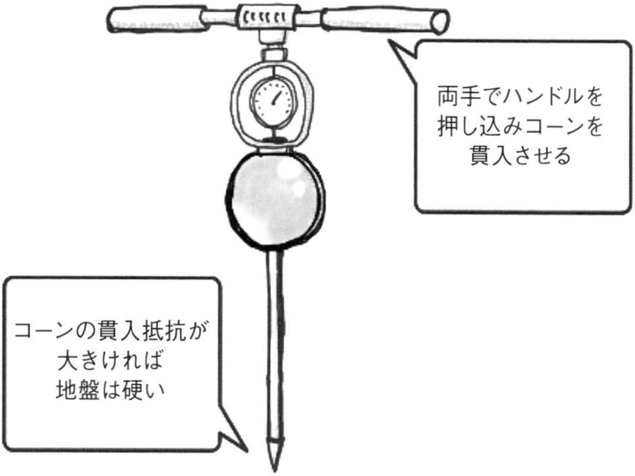

現場 CBR 試験

路床や路盤などの支持力の大きさを調べるために現場CBR（CaliforniaBearing Ratio）試験を行います。**現場 CBR 試験**は試験装置をトラックのフレーム下に入れて、直径50mmの貫入ピストンに油圧をかけて圧入し、所定の貫入量における圧力（荷重）と標準荷重の関係からCBR値を算出します。このCBR値から、区分CBRや設計CBRを算出し、道路舗装の設計や施工の資料に利用します。

6-4 土の性質と調査・試験（力学試験）

●土の力学試験

一軸圧縮試験（鋭敏比）および三軸圧縮試験（せん断強さ）

乱さない資料から供試体を作成し、圧力をかけて支持力 q_u を求めます（図6-4-1）。この q_u から一軸圧縮試験では鋭敏比 S_t、三軸試験ではせん断力 τ_f をそれぞれ求め、地盤の支持力やせん断強さの判断をします。

図 6-4-1　一軸圧縮試験と三軸圧縮試験

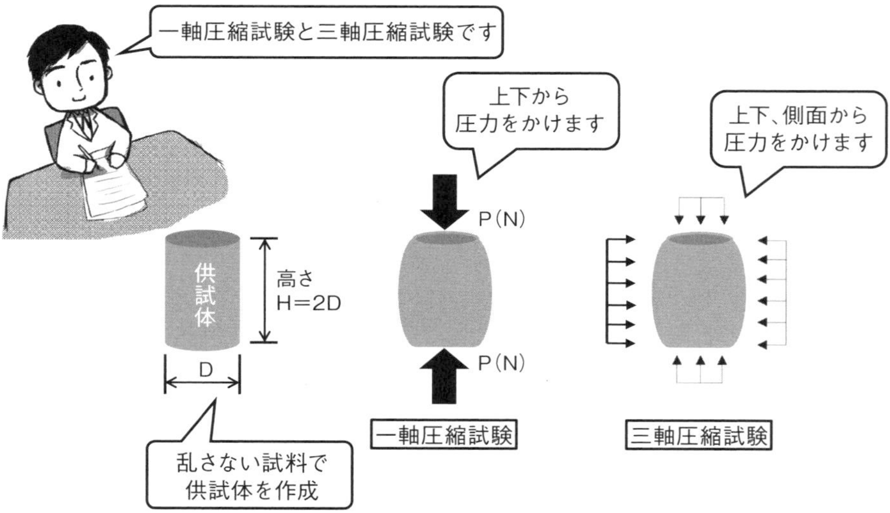

一面せん断試験（せん断応力度）

乱さない土試料から作成した供試体に、垂直力Pを加えながらせん断力Sを加えることで、その抵抗値である**せん断応力度** τ を求めます（図6-4-2）。垂直力Pは3段階にして、その際の応力度 σ と τ を求め、グラフを作成することで、$\tau = c + \sigma \tan \phi$ が求められます（図6-4-3）。ϕ は**せん断抵抗角**と呼びます。求められたせん断応力度以上のせん断力が作用すると、地すべりが生じるなど、斜面の安定性を確認することができます（図 6-4-4）。

図 6-4-2　一面せん断試験

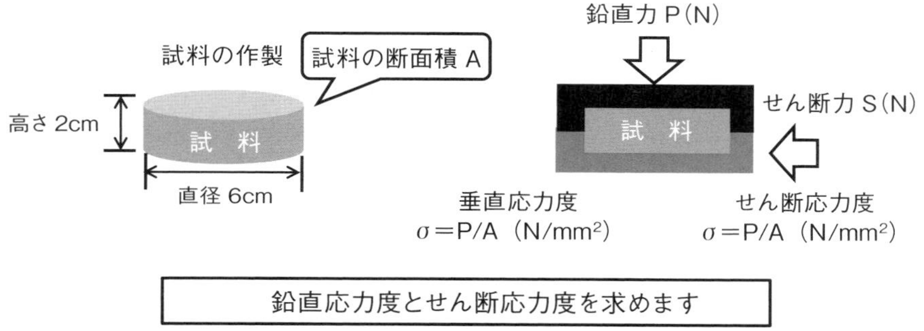

図 6-4-3　砂のせん断抵抗

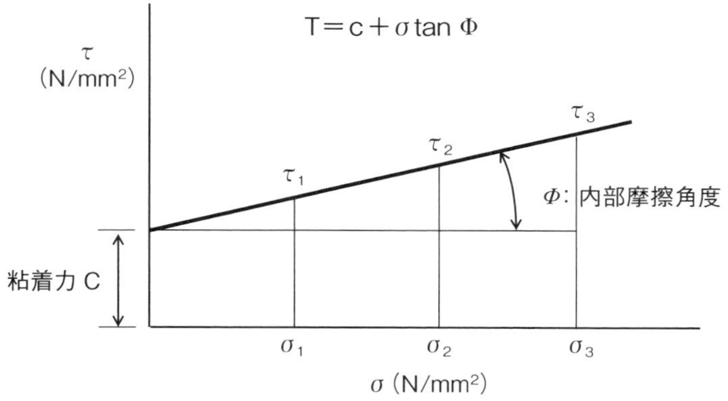

図 6-4-4　砂の内部摩擦角

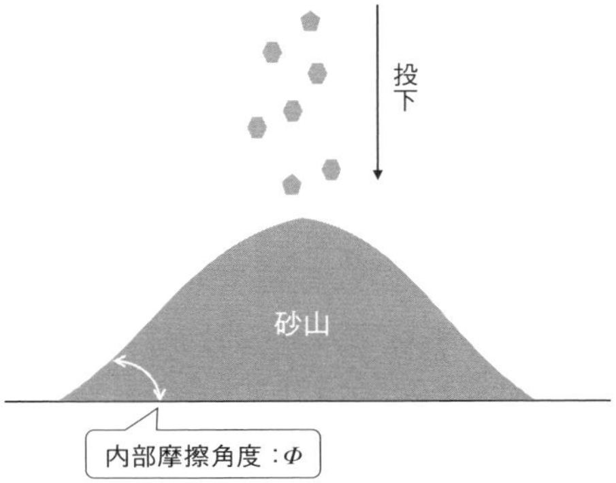

締固め試験

自然乾燥した土にどの程度の水を加えて締固めると、締固め効果が最大になるのかを調べ、そのときの水量である最適含水比 W_{opt} を求めることを目的としています。**締固め試験**はモールド中の土試料の質量と含水比を複数回測定し、それぞれの乾燥密度 ρ_d を計算し、締固め曲線を作成します（図 6-4-5、図 6-4-6）。締固め曲線の最大乾燥密度 ρ_{dmax} 時の含水比を最適含水比 W_{opt} と呼びます。W_{opt} で締固めを行うことにより土粒子は最大限、空隙は最小限となることから、より効果的な地盤を形成することができます。

図 6-4-5　土の締固め試験

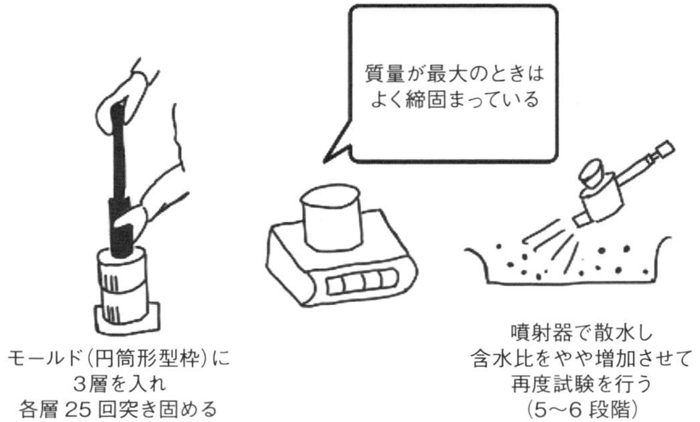

図 6-4-6　締固め曲線

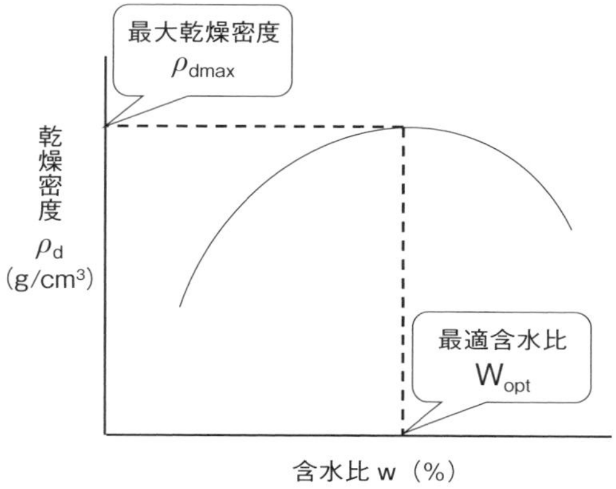

現場監督

著者が現場監督時代に経験した現場は、3LDK に共同で生活するアパート、プレハブ小屋です。風呂、トイレ、食堂が共同である場合がほとんどで、仕事内容よりもプライベートの部分のほうがストレスの原因となりました。上司や先輩と１つ屋根の下で暮らすことは思っている以上に大変です。もちろん現場での仕事も、ラクではありません。職人さんに怒鳴られたり、トイレが綺麗ではなかったり、山奥の現場だと動物が出てきたり、自然の厳しい状況にさらされる屋外の作業は想像以上です。夏の炎天下での作業は、現場監督だから肉体労働をしないとはいえ、測量や丁張かけ、墨打ちなどをしているだけで汗が噴き出します。冬もやっぱりキツイです。朝のラジオ体操は手足が凍えるくらいの寒さですし、風が吹けば体感温度は簡単に氷点下。雪が降る中、橋の上で風速 10m という環境もあります。まさに冷凍庫の中のようでした。現場という最前線で工学の知識を使って社会の役には立てますが、集団での生活が苦手な方にはオススメしない仕事です。

現場監督はやっぱり楽ではありません

第7章

施工準備

工事を開始するまでに発注者に書類を提出するなど、さまざまな準備が必要です。工事の計画を立てて資機材の発注を行い、工程表を作成し進捗を把握して、適切な品質を確保するために工事の計画を立て、現場に危険な場所が生じないように安全を管理します。本章では工事を始めるまでに必要な準備について理解しましょう。

7-1 契約

●入札契約制度

土木工事は公共事業であるため国民の税金を原資として、適切な予算の執行により社会資本整備を適切に行う必要があります。

公共調達に関する制度は明治に制定された会計法と、地方公共団体においては地方自治法で定められています。価格競争による入札契約によって調達されることを原則として定められています。

公共工事の入札は一般競争入札を原則とし、例外的に指名競争入札と随意契約が認められています。**指名競争入札**は発注者が業者を複数指名し、これらの指名業者だけを入札に参加させる方法です。発注者は業者を示すことで、ある程度実績がある業者を選ぶことができるため、契約不履行や手抜き工事による品質低下の懸念が小さくなることから、発注者にメリットがありますが恣意的に業者を選定できるので、真の競争になりにくい状態でもあります。しかし、**随意契約**は入札ではなく発注者が決めた特定の業者を選定した契約を終結するものです。災害復旧といった緊急の場合などで競争入札に付することができないときに用いられる契約方式です。

●設計変更

公共工事では工事を進めていくうえで設計図書や施工条件と、実際の工事現場の状態が一致しない場合が生じる可能性があります。その場合、適切に設計図書の変更を行い、この変更に伴って必要となる請負代金の額や工期の適切な変更を行うことが決められています。受注者は、発注者に対して書面により通知を行うこととされています。

なお、**設計変更**については、平成26年に品確法と建設業法・入契法を一体として、設計変更において発注者の責務が定められました。令和元年には国土交通省から設計変更ガイドラインが定められ、契約図書の1つとして位置づけられています。

●損害の規定

一般的に工事中に損害が発生した場合は、受注者の負担となります。発注者が支給した材料に欠陥がある場合や、発注者指定の工法に誤りがあり第三者に影響を与える場合など、受注者の責に期さない場合は発注者の負担となります。

台風や洪水、地震などの天災や不可抗力（図7-1-1）などにより、工事目的物や仮設物、機械や搬入資材が損傷を受けた場合、損害の合計金額の1/100は受注者負担となり、1/100を超えた部分については発注者の負担となります。

なお、建設業の請負工事では構造的にひび割れが生じた場合など、工事目的物が契約図書に定められた内容と異なるような**欠陥**を有する場合、補修する義務があります。

受注者の故意・重過失による悪質な瑕疵については10年、一般的な公共工事では2年とされています。

ダムカード

ダムカード集めという趣味が著者にはあります。ダムカードは、平成19年より基礎地盤から堤頂までの高さが15 m以上の治水・利水を目的としたダムおよび国土交通省所管水資源開発施設（貯水池、導水路など）において作成されているものです。一部の都道府県や発電事業者の管理するダムで作成され、ダムの管理事務所やその周辺施設で配布しています。観光に出かけるときには、目的地の近くにあるダムを訪れています。著者が集めた中でも珍しいダムカード（安威川ダム、新丸山ダム、寒河江ダム）を3つご紹介します。安威川ダムと新丸山ダムは、建設中に訪れた際に頂いたもので建設中バージョンになっています。安威川ダムは、建設する前の山と、建設途中と完成予想図が載っています。新丸山ダムは完成予想図の画像が載っています。寒河江ダムは、寒河江ダム30周年デザインになっています。

7-2 施工計画（その1）

●施工計画とは

土木工事における**施工計画**とは設計図書や仕様書に基づき、工事目的物を所定の期間内に所定の品質で構築するための手順や工法を定めるものです。経済的で安全な施工手順や、環境保全などを考慮して総合的に定める必要があります。契約図書では工事目的物の形状や寸法などは明記されていますが、詳細な施工手順については、受注者の責任と経験をもって定める必要があります。なお、施工計画の立案については施工方法や労務、機械、仮設など、すべてを考慮して検討し、最適と考えられる具体的な施工の方法と手順を定めます。

●施工計画の立案

施工計画の立案と作成の一般的な手順（事前調査、施工技術、仮設備計画、調達計画、管理計画）は図 7-2-1 のとおりです。

図 7-2-1　施工計画立案の手順

手順	内容
事前調査	契約条件の検討、現場条件の現地調査
↓ 施工技術計画	施工手順と施工方法、工程、機械設備
↓ 調達計画	労務計画、機械計画、材料計画、輸送計画
↓ 仮設計画	直接仮設、間接仮設
↓ 管理計画	現場組織、実行予算、安全管理計画、環境保全

事前調査として施工計画書を作成する前に必要な事項は、図面の精査等契約条件の検討と、現場の地形や作業条件を現地で調べる実地調査があります。**施工技術計画**は主に施工手順や基本的な方針を決定すること、工期や工程計画の検討を行い、施工機械や品質管理手法の検討を行います。**調達計画**は施工に必要な各種の材料や使用機械や作業員の数量などを検討します。**仮設計画**は、構造物を施工するために必要な工事用の施設をつくるための計画です。**管理計画**は工事全体で必要な管理の計画をします。

施工計画書の記載内容は各発注者で異なりますが、共通仕様書等で記載内容が定められていて、国土交通省「土木工事共通仕様書」では、工事概要計画工程表、現場組織表など、15 項目が決められています。

●事前調査

事前調査は、契約条件と現場条件の検討から行います。契約条件の調査は設計図書・仕様書・請負契約書などから構造物の品質、性能など書類上から要求されるような事項を調査することです（表 7-2-1）。

表 7-2-1　事前調査の内容

・事業の損失、不可抗力による損害の取り扱い
・工事中止に基づく存外の取り扱い
・資材、労務費の変動に基づく変更の取り扱い
・かし担保の条件
・建設代金の支払い条件
・数量の増減による変更の取り扱い
・図面と現場の相違点および数量の違算の有無
・図面・仕様書・施工管理基準などによる規格値や基準値

次に現場条件の検討です。現場は工事によってまったく異なる条件であるため、現場条件が施工計画に多くの影響を与えます。施工する場所の土質や地下水位などの自然条件、架空線の有無や使用できる作業場所の広さなどの

7-3 施工計画（その2）

作業条件を現地で直接調べることが大切です。

●施工技術

工事を円滑に進めるうえで、技術的な面と経済的な面の両面から検討する必要があります。検討する項目としては、次の3つとなります。

①施工手順と施工方法
②工程
③機械設備

工事全体の流れから施工手順と施工方法を決め、工期と作業量から工事原価を検討します。作業量と原価および、作業条件から最も適切な機械を選定し、選定した建設機械の施工速度を考慮して全体の工程計画を検討します。

●調達計画

土木の工事は現地生産のため、施工する機械や設備、労働者は工事のある場所を移動していきます。工事に応じて人員を調整し、材料の手配や輸送手段やルートも現場ごとに適切に設定する必要があります。施工する内容については、協力会社に施工を外注し請け負わせる方法があります。これらはすべてを含めて決めることが**調達計画**です。

①労務計画
②機械計画
③材料計画
④輸送の計画

を定めます。

労務計画は、施工方法や施工方法や施工手順の計画による工程表から、作業に必要な人員を計画します。作業員の人員は直接的に工事原価に影響し、作業員の人員に応じて、宿舎の規模が変動します。そのため、工事期間中の1日当たりの必要人数を抑え、工事の期間の中で人数の変動が最小になるように工程を調整する必要があります。機械計画は建設機械の使用計画を定めることで、建設機械は重量物を扱うことから、建設機械の使用は必要不可欠です。材料計画は材料の搬入先や入手先や入手時期について検討を行います。輸送の計画は材料や資器材の搬出入に関して、最小の費用になるように輸送経路や輸送機械を検討します。

●仮設計画

工事目的物を構築するために必要な構造物以外の工事施設を**仮設備**と呼びます。仮設備は、

①直接仮設
②間接仮設

の大きく2つに分類されます。工事を行ううえで仮設備の計画は工事の作業効率に大きく影響する重要な計画になります。

直接仮設備は、工事用道路、仮桟橋、足場支保工、電力設備、コンクリートプラント、土留めなどで、工事目的物の施工に直接必要なものをいいます。間接仮設は現場事務所、倉庫、試験室、職員宿舎など、仮の建物などをいいます。

仮設備の中でも本工事に直接影響するような仮設備を**指定仮設**といい、設計変更の対象になります。これに対して、受注者の裁量で自由にできるものは**任意仮設**といい、設計変更の対象になりません。

●管理計画

管理計画は工事の管理に対する全般の管理です。現場における管理体制や、原価管理、安全管理などを計画し、施工計画を策定します。具体的な管理計画の内容としては、以下の事柄を検討します。

①現場組織の編成
②実行予算の策定
③安全管理計画の検討
④環境保全計画

現場管理組織の編成として、現場組織を明確化することで施工管理の責任や権限を明確にし、業務の分担や職務の分担を行います。実行予算の作成は、施工における工事全体にかかる原価をリストアップして予算化するものです。

安全管理計画は、安全教育の内容や予定を立てて安全管理のポイントを洗い出し、リスク評価をして管理する手法を検討します。環境保全の計画は、工事が周辺環境に与える影響を調査して、環境負荷を低減するものです。大気汚染、水質汚濁、土壌汚染、騒音、振動、地盤沈下、悪臭などの公害を抑制するとともに、そのほかの予想される環境を汚染する可能性がある内容と対策について検討を行います。

第8章

土木施工

　トンネル、ダム、橋、道路など土木構造物は多岐に渡り、さまざまな工種があります。各工種の施工方法を理解しておくことで、安全に効率的に工事を進めていくことができます。本章では土木工事の施工方法について、工種ごとに理解しましょう。

8-1 土量の変化

●土積図（マスカーブ）

切土や盛土を伴う新設道路の工事を計画する際に、現場で必要となる土量、もしくは余る土量を把握する必要があります。工事全線の土量を把握するために作成する図を**土積図**といいます。図 8-1-1 は、起伏のある地形に、新たな道路を建設する計画を想定しています。山の部分は切土工事が必要となり、谷の部分は盛土工事が必要となり、それぞれの箇所で出る累計土量を土積曲線で表しています。

図 8-1-1　土積図

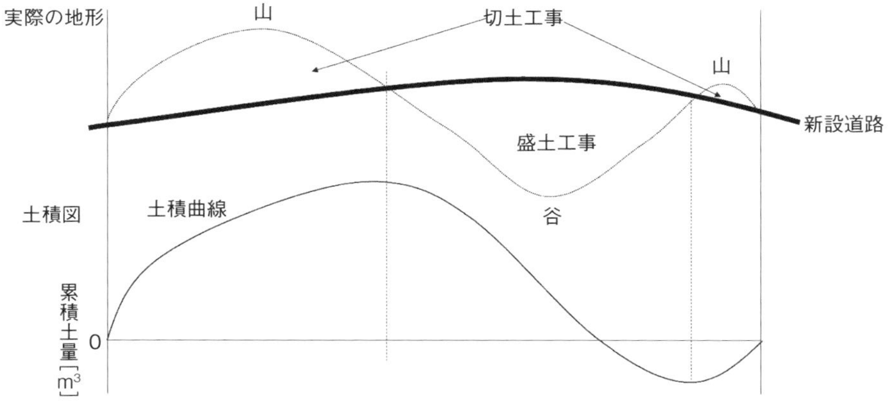

●土量の変化

地山を切土（掘削）すると、土はほぐされて体積は増えます。逆に、土を埋めて締固めると、体積は小さくなります。このような土量の変化の割合を**土量変化率**といい、ほぐし率と締固め率に分類されます。土量の変化率は、土の種類によって異なります。一般的な土量の変化率を表 8-1-1 に示します。

表 8-1-1　一般的な土量の変化率

土の種類	ほぐし率 L	締固め率 C
硬岩	1.65 ～ 2.00	1.30 ～ 1.50
軟岩	1.30 ～ 1.70	1.00 ～ 1.30
礫質土	1.10 ～ 1.30	0.85 ～ 1.00
砂	1.10 ～ 1.20	0.85 ～ 0.95
砂質土	1.20 ～ 1.30	0.85 ～ 0.95
粘性土	1.20 ～ 1.45	0.85 ～ 0.95

●計算（地山、ほぐし、締固め）

各土量を計算する際、基準となる地山の土量に変化率をかけて計算します。

ほぐした土量 [㎥] = 地山の土量 [㎥] × ほぐし率 L
締固めた土量 [㎥] = 地山の土量 [㎥] × 締固め率 C

例えば、図 8-1-2 のような地山（砂質土）を 1.0㎥分掘削し、その土を運搬し、盛土（締固め）を行うとします。その際のほぐし率 L を 1.2、締固め率 C を 0.9 とします。この場合、運搬される土の量は地山を掘削することでほぐされるため、1.2 倍となることから 1.2㎥となります。一方で、締固められ

図 8-1-2　地山の掘削、盛土

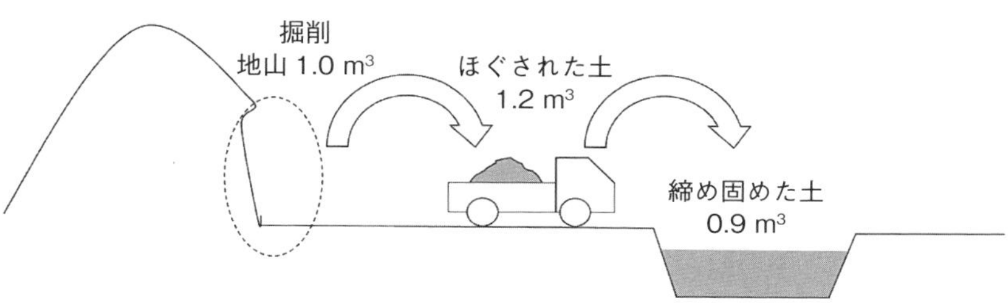

た土は、地山の0.9倍の土量となるため、0.9㎥となります。
　このように、土量の変化率に注意をしながら現場の土量を把握することで、排出する土量や不足している土量の数だけではなくトラックの必要運搬回数等を把握することができ、効率的な施工を行うことにつながります。

デザインマンホール（その2）

　先程もご紹介したポケモンのマンホールの蓋は全国各地にあって、世界遺産である法隆寺の周りにもあります。著者が奈良県の法隆寺に行ったときには、ポケフタの周りに多くの人が集まって順番に写真を撮っている姿がありました。マンホールが観光資源になるなんて、数年前には考えられなかったと思います。マンホールの蓋をきっかけに、土木工学や社会基盤に興味をもってもらえる人が増えると著者も嬉しいです。上を向いて歩くのもいいですが、たまには下を向いて歩いてみませんか。

8-2 土工（土留め）

●土留め工の種類と特徴

地山を掘削する際には、地山が崩壊するのを防ぐために土留めを設置する必要があります。土留めは掘削深さや現場の土質、地下水位などを考慮して決定します。

矢板工法

簡易的な土留めとしては、**木製矢板工法**があります。設置が簡単であるため工費も安いですが、強度は弱く止水ができないことから、地下水位が高い地盤では不向きです。一方で、鋼矢板工法は鋼矢板を地盤に圧入する工法で止水性が高いですが、軟弱地盤では掘削に起因してヒービングやボイリングが生じる可能性があります。

親杭横矢板工法

地盤に親杭としてＨ型鋼やＩ型鋼を圧入した後、杭の間に木製の横矢板を設置する工法です。圧入する箇所が限定的であるため、地下埋設物への影響は少ないですが、止水の効果はありません。

連続地中壁工法

地中にコンクリートの壁をつくることで、止水が可能な強度の高い土留めを築造することができますが、工費が高く施工に時間を要します。

●掘削工事に起因する事象

軟弱地盤で地山を掘削する際に、土留めを設置していても掘削面を崩壊させる事象が起こる可能性があります。

ヒービング（盤ぶくれ）

土留めの背面にある土砂が土留めの下を回り、掘削底面を押し上げ、土留めの崩壊と周辺の地盤を沈下させる事象です。地下水位の高い粘性土の地盤に起こる事象で盤ぶくれともいいます。

ボイリング（パイピング）

事象としてはヒービングと同様ですが、ボイリングは地下水位の高い砂質土で起こります。そのため、掘削底面から砂や水が噴出します。これらの崩壊を防ぐためには、土留め材を適切な長さにするほか、地盤改良や地下水位の低減などを行う必要があります。

図 8-2-1　矢板

図 8-2-2　ヒービングとボイリング

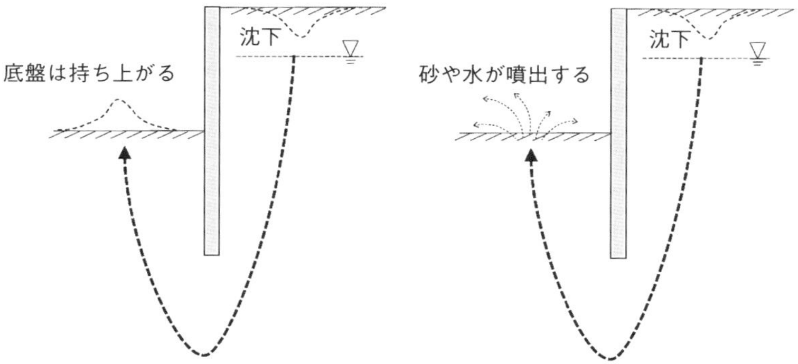

8-3 鉄筋コンクリート工（型枠組み立て）

●型枠支保工

型枠および支保工は設計図書に書かれたコンクリートの部材断面を確保する大切な仮設構造物です。型枠および支保工は、所定の形状にコンクリートの形をつくるだけでなく、打ち込みや締固めなどコンクリートの打設に関する、安全の確保にもつながります。

●型枠に作用する荷重

型枠にはさまざまな荷重が作用しますが主に次の3つに分けられます。

① 鉛直荷重
② 垂直荷重
③ 側圧

鉛直荷重は、型枠、支保工、コンクリート、作業員、施工に使用する機械などの質量および衝撃を考慮します。コンクリートの単位重量は23.5kN/m^{3}とし、鉄筋の単位重量は0.5kN/m^3。それ以外の荷重については2.5kN/m^{2}とするのが一般的です。

水平荷重は型枠の傾斜、作業時の振動、施工誤差、地震時の荷重などを考慮します。現場で組み立てる一般的な支保工（パイプサポート、単管支柱など）については、鉛直荷重の5%で考えることが一般的です。

側圧については、構造物の寸法や使用するコンクリートの条件や施工条件によって大きく異なりますが、一般的にはコンクリートの温度が低く、スランプが大きいほど側圧は大きくなります。

●型枠および支保工の組み立て

型枠の組み立てにあっては、所定の精度に収まるように施工を行います。

あらかじめ現場で出した墨に合わせてせき板を建込み、セメントペーストが漏れないように隙間なく組み立て、締め付け金物を用いて確実に締め付けを行います。

支保工の施工にあたっては、支保工を支える基礎地盤など、所要の支持力が得られる場所なのかどうかを事前に確認してから組み立てます。

●型枠組み立てで使用する材料

コンクリート型枠用合板（コンパネ）

木製の単板を重ね合わせた耐水性のある合板です。加工することで、工事目的物の大きさに合わせて自由に形をつくります。この合板を組み立ててコンクリート流し込みます。

セパレーター

フォームタイ、Ｐコンとともに使用し、型枠の左右の距離を保つための金具です。打設の際には埋もれてしまうため消耗品となります。

フォームタイ

組み立てた型枠の外側に設置する金具です。コンクリートの圧力で型枠が壊れないように締め付けます。

Ｐコン

セパレーターと型枠をつなぐための部材で、型枠の内側に取り付けられます。プラスチック製が一般的でしたが、現在は高強度のモルタル製など、さまざまな種類があります。 プラスチック製のものは打設後に取り外し、無収縮モルタルで穴を埋めます。

単管パイプ、角鋼管

フォームタイとともに型枠を締め付けるために使用します。コンクリートの圧力に対して抵抗し、型枠の変位量を少なくするために使用します。

●型枠および支保工の取り外し

コンクリート打設完了後、型枠の取り外し時期はコンクリートの圧縮強度で判断します（表8-3-1）。

表8-3-1　脱枠時のコンクリートの強度

部材の種類	強度（$\mathrm{N/mm^2}$）
フーチング側面	3.5
柱、梁、壁の側面	5
アーチ、梁、スラブの底面	14

段取り8割

「工事現場の仕事は段取りが8割」という言葉が、今でも心に残っています。工事の手待ちや手戻りがないように、次の作業をよく考えて作業の準備をすることが施工管理の仕事。いかに工事を進める手を止めないために、どのように考えて動けばいいのかを常に考えていました。そんな状態の工事現場では、特に忘れ物をすると悲惨です。事務所から橋の上の施工場所までエレベーターで昇って、たどり着くまで20分かかる場合もありました。現場についてから、忘れ物に気がつくと本当に泣けます。急げといわれても焦らず何度も確認することが、結果的に一番短時間で業務が進みました。段取りができるようになって一人前です。時間をかけましょう。

8-4 鉄筋コンクリート工（鉄筋組み立て）

●鉄筋の加工

原則として鉄筋の加工は常温で行います。加工にあたっては、極端に曲げ半径を小さくすると、鉄筋に亀裂や破損が生じて強度が低下する可能性があるため、曲げ半径の下限が決まっています（図 8-4-1）。一度曲げ加工をした鉄筋を曲げ戻すと品質の担保ができません。そのため曲げ戻しは原則、禁止されています。

図 8-4-1　フックの曲げ半径

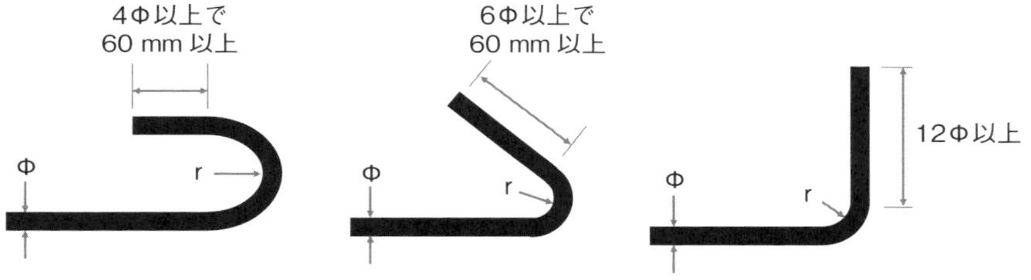

●鉄筋の継手《つぎて》

鉄筋の継手は構造的に弱点になるため、大きな応力が働くところではできるだけ継手を設けないのが原則です。また、原則として同一断面に集める一列に並べるいも継手は避けます。鉄筋の継手は、次の 4 種類の継手を用います（図 8-4-2）。

① 重ね継手
② 圧接継手
③ 溶接継手
④ 機械式継手

図 8-4-2　鉄筋継手の種類

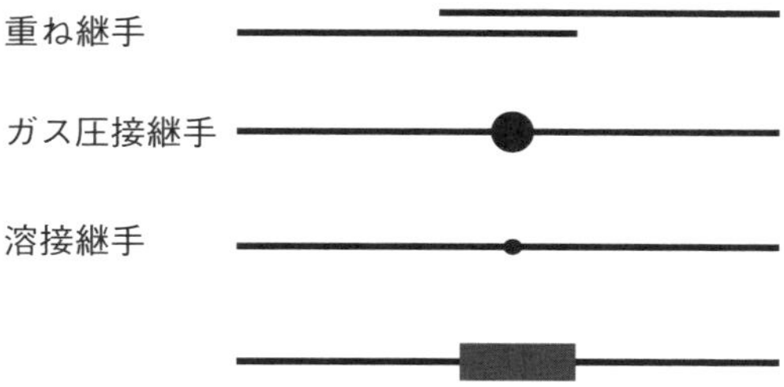

●鉄筋の組み立て

鉄筋の組み立ては直径 0.8mm 以上の焼きなまし鉄線またはクリップを用いてコンクリートの打設時に動かないように交点を緊結します。鉄筋の組み立てにあたっては、設計図に示された鉄筋以外にも**段取り筋**と呼ばれる補助鉄筋を用います。かぶりを保持するために使用するスペーサはコンクリート製またはモルタル製を使用します。鋼製スペーサは発錆しやすく、腐食しやすい環境下では使用が禁止されています。プラスチック製のスペーサはコンクリートとの線膨張係数の違いや付着力の問題が生じる可能性があり、使用にあたっては注意が必要です。スペーサの個数は、柱やウェブ、壁で２個以上／㎡、梁、床などの底面で４個／㎡以上。コンクリートの打ち込みまで期間があく場合は、防錆処理を行い鉄筋のさびや汚れを防ぐ必要があります。

図 8-4-3　鉄筋組み立て状況

8-5 鉄筋コンクリート工（コンクリート）（その1）

●コンクリートの運搬

コンクリートの品質は打ち込みから締固めの作業により左右されるため、練り混ぜから締固めはなるだけ早期に終わらせることが望ましいとされています。練り混ぜから打ち終わりまで、外気温が25℃以下の場合には2時間以内、外気温が25℃を超えるときで1.5時間以内が一般的です。しかし、現場とプラントの位置関係や、打ち込みの方法、確保できる人員や機械によって制約を受けます。また、現場で生じるさまざまな制約条件を考慮する必要があります。これらの条件を考慮した打設計画を立てる必要があります。

●現場内での運搬

現場内でのコンクリートの運搬は、コンクリートポンプによる圧送、バケット、シュートを用いるのが一般的です。コンクリートポンプによる圧送については、圧送後のポンプ筒先のコンクリートの品質や、圧送性を考慮して計画を立てます。原則としてコンクリートの打ち込み作業は連続的に行い、ポンプの閉塞などがないように迅速に打ち込みや締固めを行うのが望ましいとされています。

圧送の前には、先送りモルタルとして使用するコンクリートに対してW/Cが小さいモルタルを潤滑剤代わりに使用します。モルタルは型枠内に打ち込まないことが原則です。シュートを用いる場合は、縦シュートの使用を一般的として、斜めシュートの場合は水平2に対して鉛直1程度を使用するのが一般的です。モルタルを用いる場合は、材料分離が生じないことと、円滑にコンクリートが流下することが前提です（図8-5-1）。

図 8-5-1　シュートによる打ち込み

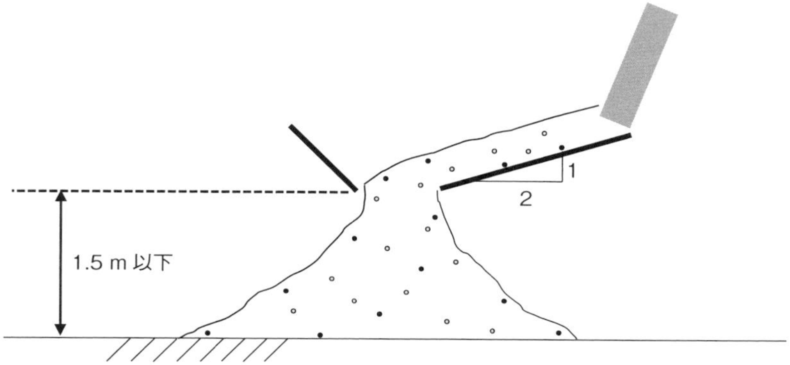

●コンクリートの受入検査

コンクリートの受け入れ検査は、次の事柄を実施します。

① スランプ試験
② コンクリート強度
③ 空気量試験
④ 塩化物含有量試験
⑤ 単位水量試験

スランプ試験の許容誤差は表 8-5-1 のとおりです。

表 8-5-1　スランプ試験の許容誤差

設計値（cm）	規格値（cm）
2.5	－1～＋1
5～6.5	－1.5～＋1.5
8～18	－2.5～＋2.5
21 以下	－1.5～＋1.5

コンクリート強度試験は供試体を用いて3回行い、すべての試験結果が呼び強度 85% 以上確保し、3回の平均が予備強度以上と定められています。空気量の測定試験はどんなコンクリートでも規格値は設計値±1.5% と定められています。

また、塩化物含有量の塩化物イオン量を測定して計測します。塩化物含有量の上限が定められていて、鉄筋コンクリートの許容上限は、0.3kg/m^3 となっています。単位水量の試験は午前と午後の1日2回測定し、配合設計の値± 15kg/m^3 を規格値として定めています。

日本の水は安全

日本は本当に恵まれているなと思うのが「水道をひねれば水を当たり前のように飲める」ことです。実は「水道の蛇口をひねれば飲み水が出る」って世界的にみてもすごいことなのです。2018 年国土交通省の調査によると、世界でも安心して水道水が安心して飲める国はなんと「9か国」。アジアでも日本とアラブ首長国連邦だけです。日本の極めて高度な水道技術に対して世界でも注目されています。上下水道施設に代表されるように見えないところで人々の生活を支えている土木工学はまさに縁の下の力持ちです。しかし、世界だけでなく日本でも今後は国内各地で水道管の老朽化が進んでいます。高度経済成長期につくられた構造物が耐用年数を超過しているため、更新には莫大な費用が発生します。水道は人々の生活に必要不可欠であり、私たちの子供や孫たちにも安心安全な水を供給できるようなインフラ設備を残していくのが、土木技術者の使命であると思っています。

8-6 鉄筋コンクリート工（コンクリート）（その2）

●打ち込み

コンクリートの打ち込み前の型枠にはごみや木くずが混入しないように清掃します。コンクリートの打ち込み時間は､練り混ぜから打ち終わるまでに、外気温が25度を超えるとき1.5時間、25℃以下のときで2時間を超えないようにと、決まっています。

コンクリートの自由落下高さは、材料分離を防ぐために原則1.5m以下となっています。ホッパなどの吐出口、ポンプの筒先などから、コンクリートの打ち込み面までの距離を極力短くすることが大切です。

コンクリートの打ち込み高さは1層当たり40～50cm以下として、全体が水平になるように施工を行う必要があります。2層以上に分けて施工を行う場合は下層と上層が一体となるように、コールドジョイントなどが発生しないように、打重ね時間を考慮し適切な計画を立てる必要があります。許容打重ね時間は、外気温が25℃以下のときは2.5時間で、25℃を超える場合は1.0時間となります。

●締固め

コンクリートは、打ち込んだフレッシュコンクリートを適切に締固めることで、空隙が小さい密実で高品質なコンクリートになります。主に使用する機械は棒状バイブレータです。締固め時の注意点として、棒状バイブレータは直角に差し込み、横移動は禁止、水平方向の間隔は50cm程度、1か所当たり5～15秒、下層と打重ねる場合は下層のコンクリートに10cm程度挿入します。

現場では、下から60cmのところにテープを巻いて印をつけて、各層のコンクリートが一体となるように工夫して施工をします。また、バイブレータを引き抜く際はゆっくりと鉛直に引き抜くことで、あとが残らないような施工を行うことができます。バイブレータの横移動は材料分離の原因になるので禁止されています。

●仕上げ

コンクリートの締固めが終了すると、木ゴテで均してから金ゴテを用いて均すのが一般的です。その際に、コンクリート表面に浮き上がってきたブリーディング水は収縮ひび割れの原因となるため、取り除いてから仕上げ作業を行います。緻密で高品質なコンクリートを仕上げるためには、作業ができる可能な時間でできるだけ遅い時間に仕上げ作業を行うことで、密実なコンクリートになります。

●養生

コンクリートは打ち込み後、硬化を始めるまでに日光や風などの影響によりひび割れを防ぐために表面の乾燥を防ぐことが大切です。打ち込みや仕上げの段階からシートなどで日よけや風よけを行い、適切な養生を行いましょう。また、打ち込み後のコンクリートは所定の品質を確保するため、水和反応を促進させ一定期間は湿潤状態に保つ必要があります。標準的な湿潤養生期間としてコンクリート標準示方書で、表8-6-1のとおり定めています。

表8-6-1　湿潤養生期間

日平均気温	普通セメント	混合セメントB	早強セメント
15℃以上	5日	7日	3日
10℃以上	7日	9日	4日
5℃以上	9日	12日	5日

出典：コンクリート標準示方書、土木学会

8-7 道路工事（道路舗装の種類と施工）

●道路舗装の種類

一般的に車道の舗装に用いられる舗装は、アスファルト系とコンクリート系に分けられます。歩道舗装では、アスファルト舗装以外で、ブロック系や樹脂系、タイルを使った舗装など多くの種類があります。車道部の舗装は一般的にアスファルト舗装が用いられています。

●アスファルト舗装の構造と役割

アスファルト舗装の構造は、表層、基層、路盤の順に上から構成され、路床より下は一般的には舗装の定義には含まれません。

●路床の施工

路盤の下1mを**路床**といいます。舗装と一体となり上層から伝わってくる交通荷重を支持しその下の層である路体に対して、交通荷重を分散させる役割があります。1層の仕上がり厚みは20cm以下を目安として敷き均しを行います。

路盤の施工

路盤は、下層路盤と上層路盤に分けて施工されます。**下層路盤**は粒状路盤工法、セメント・安定処理工法が一般的に用いられます。**上層路盤**は、粒度調整工法、セメント（または石灰）安定処理工法、瀝青《れきせい》安定処理工法およびセメント・瀝青安定処理工法があります。

基層・表層の施工

アスファルトフィニッシャで加熱アスファルト混合物を敷き均し、ローラで押し固め転圧します。アスファルト混合物の舗設は、適切な温度管理、品質管理のもと施工を行います。施工手順は、以下のとおりです。

タックコート：新たに舗設する混合物と、その下の混合物との接着をよくするために施工します。一般的にタックコートは、アスファルト乳剤（PK-4）を用いて、散歩量 0.3 ～ 0.6L/m^2 散布します。

敷き均し：加熱アスファルトは所定の厚さが得られるように、アスファルトフィニッシャを用いて敷き均します。加熱アスファルトの敷き均し時の温度は一般的には 110℃を下回らないように施工を行います。

締固め：加熱アスファルト混合物を敷き均し終了後、所定の密度が得られるようにローラを用いて締固めます。初転圧、二次転圧、仕上げ転圧の順に行います。一般的に転圧時の作業速度は、ロードローラで 2 ～ 6km/h、振動ローラで 3 ～ 8km/h、タイヤローラで 6 ～ 15km/h です。転圧の方法は勾配の低い方から高い方へ向けて等速で施工を行います。また、駆動輪はアスファルトフィニッシャ側、案内輪を逆側にして転圧を行います。

初転圧はヘアクラックが生じない範囲でできるだけ高い温度で行い転圧温度は一般に 110 ～ 140℃です。一般的には、二次転圧は 8 ～ 20t タイヤローラまたは、6 ～ 10t の振動ローラで行います。二次転圧の終了温度は一般に 70 ～ 90℃です。仕上げ転圧は、不陸の整正やローラマークを消すために行われます。舗装温度が 50℃以下になったら交通開放を行います。

図 8-7-1　アスファルト舗装の施工状況

8-8 基礎工（直接基礎・ケーソン）

●基礎工の種類

基礎工は大きく、次の３種類に大別されます。

① 直接基礎
② 杭基礎
③ ケーソン

地形や支持層の深さなどの地質条件や施工条件などを考慮して選定されます。**直接基礎**は、経済性もよく一般的に用いられる基礎の形状で、良質な支持地盤の上にフーチングを構築する工法です。根入れ深さ（D）に対して直接基礎の幅Ｂが２倍以上、これより支持層が深い場合は杭基礎やケーソン工法を用いるのが経済的です。

杭基礎は既製品の鋼杭やPC杭などを使う既成杭と、現地に孔を掘ってコンクリートを打設する場所打ち杭があります。

ケーソン工法はオープンケーソンと、ニューマチックケーソン工法の２種類です。ニューマチックケーソン工法はコンクリート製の函を構築し、そこに圧縮空気を送風することで地下水を排除し、人力で掘削し躯体を構築する工法です。

●直接基礎

直接基礎は、次の事柄が設計するうえでの注意点になります。

① 転倒しないこと
② 滑動しないこと
③ 不動沈下しないこと
④ 変形量が規定値以下であること

そのため、水平抵抗性の確保が施工のポイントになります。地盤に支持力があることが絶対に確認すべき条件です。砂地盤でN値が30以上、粘性土の地盤では20以上である必要があります。直接基礎構造物の安定性を確認するうえで検討項目は次の3つです。

① 水平せん断抵抗力
② 鉛直抵抗性
③ 回転抵抗力

水平せん断力は地震時に作用する力で基礎の底面を滑動させます。滑動に抵抗する力は地盤と基礎底面の摩擦力です。直接基礎の底面の摩擦力だけで、地震時の水平せん断力に抵抗できない際には突起を設けます。鉛直抵抗性は、構造物の自重を基礎地盤がすべて支えます。回転抵抗性は構造物が転倒しないか、平常時と地震時に分けて検討します。

●ケーソン

ケーソンは地下構造物や防波堤などの水中の構造物を構築する際に使用するコンクリートまたは鋼製の箱で、ケーソンの施工はオープンケーソンと、ニューマチックケーソンの大きく2つに分けられます（図8-8-1）。

オープンケーソンの施工は、大気圧の下でハンマグラブやバケット、人力で掘削する工法です。地上に**ケーソン**と呼ばれる函を構築し、その内部を掘削しながら徐々にケーソンを構築させます。支持層まで到達したらケーソン内にコンクリートを打設しケーソン自体を基礎構造物とします。ケーソン内部の水を排水すると、ヒービングやボイリングを生じる可能性があるため、ケーソン内の水位は地下水位以下となるように注水して作業を行います。

ニューマチックケーソン工法は、下部に作業室を設けた鉄筋コンクリート製の函を地上で構築し、圧縮空気をケーソン内に送り込み地下水の流入を防ぎながらケーソン下面の土を掘削し沈めていく工法です。ニューマチックケーソンは高圧化での作業となるため、高圧室内作業主任者の選任が必要です。加圧・減圧は毎分0.08N/mm^{2}以下として、6か月に1回健康診断を行います。

図 8-8-1　オープンケーソンとニューマチックケーソンの施工方法

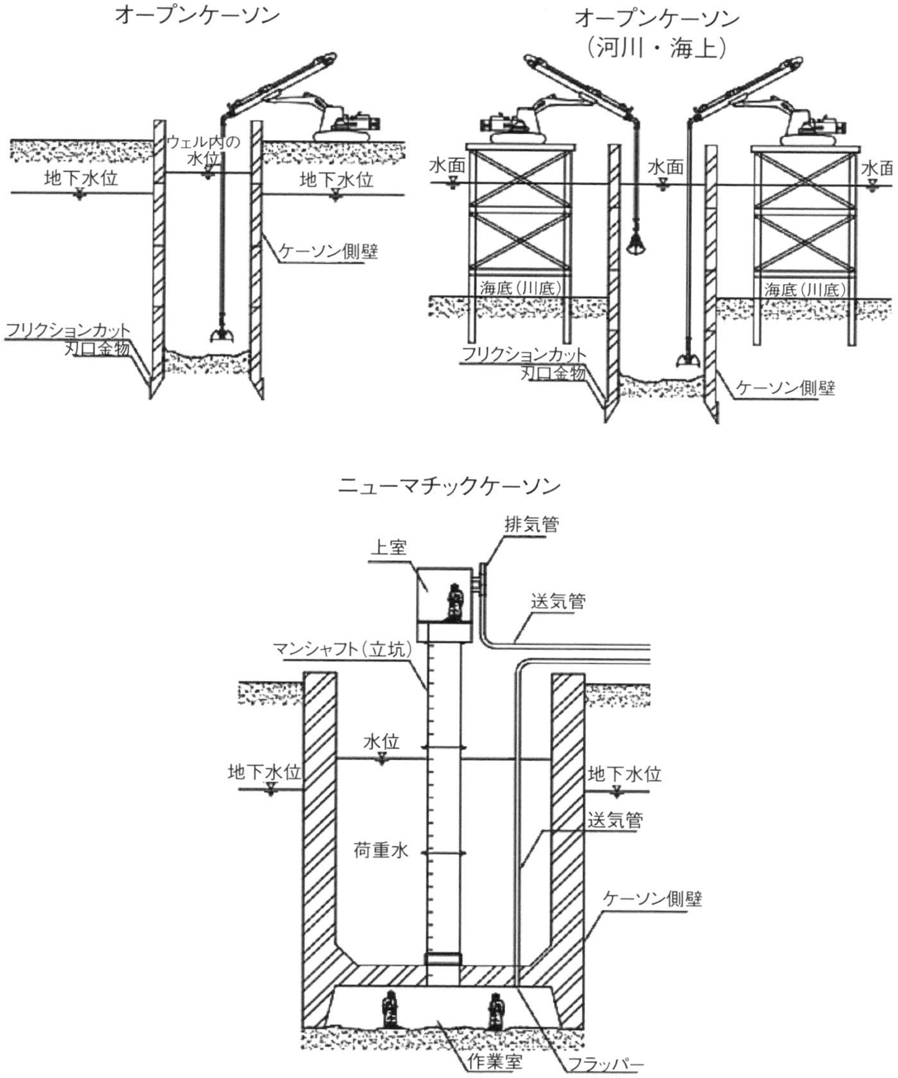

8-9 基礎工（杭基礎）

●杭基礎（既製杭）

既製杭の種類としては、直径1m程度のプレキャスト製のPC杭、直径50cm以下のプレキャスト製のRC杭、H鋼や鋼管や鋼矢板を用いた鋼杭の4種類に分類されます。既製杭には、支持層で指示する支持杭と、杭の周辺摩擦で支持する摩擦杭に分けられます。既製杭を用いる場合、杭径の2.5倍より接近して打ち込むとき群杭として評価されるため、1本当たりの杭の支持力が低下するので注意が必要です。

既製杭の打設方法としては、次の5種類に分類されます。

① ドロップハンマ
② ディーゼルパイルハンマ
③ 油圧ハンマ
④ バイブロハンマ
⑤ 圧入工法

杭打機がいずれも大型の機械になるため、施工にあたり杭打機の配置する地盤支持力の確認は必要です。

●杭基礎（場所打ち杭）

場所打ち杭は現場で地盤を掘削し鉄筋を組み立てコンクリートの打設を行う鉄筋コンクリート杭のことです。既製杭の施工に比べて、掘削孔底部に残存するスライム（泥）の完全な除去、水中コンクリートの品質管理、鉄筋かごの品質管理が課題となります。しかし、既製杭は騒音・振動が場所打ち杭に比べて著しく大きいことから、市街地での施工に不向きなため施工場所に選びます。

一般的な場所打ち杭の施工方法は次の4つの工法です。

① リバース工法
② アースドリル工法
③ オールケーシング工法
④ 深礎工法

リバース工法、アースドリル工法、オールケーシング工法はいずれも機械で掘削する方法で、孔壁の保護方法と掘削方法が異なります。**リバース工法**は、回転ビットで掘削しながら安定水の水圧により孔壁の崩壊を防ぐ工法です。掘削土は逆循環により排出され、その際に吸い上げた水を孔内に戻すことで孔壁の崩壊を防ぎながら掘削を進めていきます。低騒音、低振動、3m の大口径、70m の大深度の施工が可能な工法です。

アースドリル工法は、孔壁をベントナイト溶液で保護しながらドリリングバケットを回転させて掘削する施工方法です。掘削完了後、バケットを底さらい用に交換して一次スライム処理を行います。そのあと、鉄筋かごとトレミー管を建込みます。二次スライム処理を行った後、コンクリートの打設を行います。孔壁の安定のためには、安定液の比重管理を行います。低騒音、低振動、小さい機械でも 2m 程度の孔径の杭が構築可能です。

オールケーシング工法は、**ケーシングチューブ**と呼ばれる孔壁の崩壊を防ぐ鋼製の管を油圧ジャッキで押し込み、土砂を排土しながら掘削する工法です。周辺地盤への影響が比較的小さく済みますが、掘削機が大型になるため掘削機の地盤の補強を行う必要があります。地質に左右されないため、適応できる範囲が広いです。

深礎工法は、人力で掘削し円形の鋼板（ライナープレート）またはモルタル吹付けで孔壁を保護し鉄筋を組み立て、コンクリートを打設する工法です。主に山の中の岩盤地盤で用いられる工法です。人力施工のため地盤の状況を確認でき、転石があっても発破による処理もできるというメリットがあります。

8-10 橋梁（下部工・PC 上部工）

●橋梁下部工

下部工事は、橋脚と橋台に分類され鉄筋コンクリートまたは鋼製の建設材料でつくられます。図 8-10-1 のように橋脚は、基礎およびフーチング、柱、梁で構成され、橋台は基礎、フーチング、竪壁、ウイング、パラペットにより構成されます。橋台は次の５つに分けられます。

① 重力式橋台
② 逆 T 型橋台
③ ラーメン橋台
④ 箱型橋台
⑤ 盛りこぼし橋台

橋台は上部工を支えるだけでなく、土留め擁壁としての役割もあります。

図 8-10-1　下部工の名称

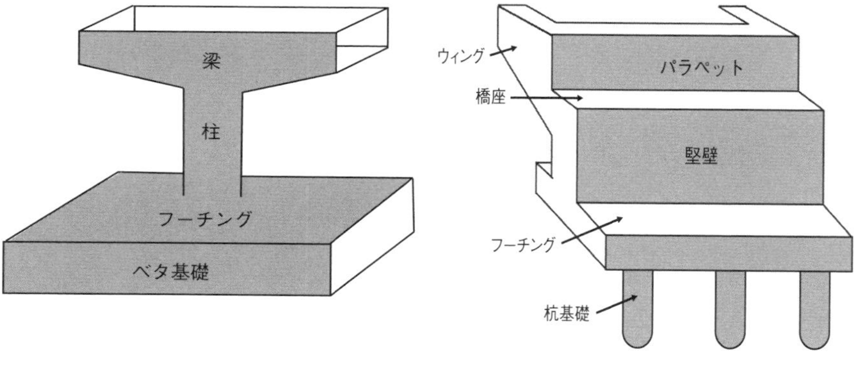

●橋梁上部工

橋梁上部工事は、主に鋼材を用いた鋼橋と、プレストレストコンクリートを用いたコンクリート橋に分けられます。また、近年では鋼材とコンクリートを複合させた複合橋もあります。上部工と下部工の接点となる**支承**と呼ばれる上部工と下部工の間で、変形を吸収する役割を持つ部材です。なお、支承は上部工で施工を行うのが一般的です。

●コンクリート橋

コンクリート橋の施工は、次の２つに分けられます。

① 現場打ち工法
② プレキャスト工法

プレキャスト工法は事前に工場や現場近くのヤードで作成したコンクリート製の分割した桁を現場に運搬して架設する工法です。プレキャスト桁架設工法と、プレキャストセグメント架設工法の２つに分けられます。**現場打ち架設工法**は、桁下の空間に支保工を設置する固定支保工式架設工法と、移動支保工式架設工法および桁下の空間が利用できない場合に移動作業車（ワーゲン）を用いる張出し架設工法や、押出し工法に分けられます。斜張橋やエクストラドーズド橋やアーチ橋は一般の桁橋とは異なり特有の架設工法があります。

図 8-10-2　コンクリート橋の架設工法

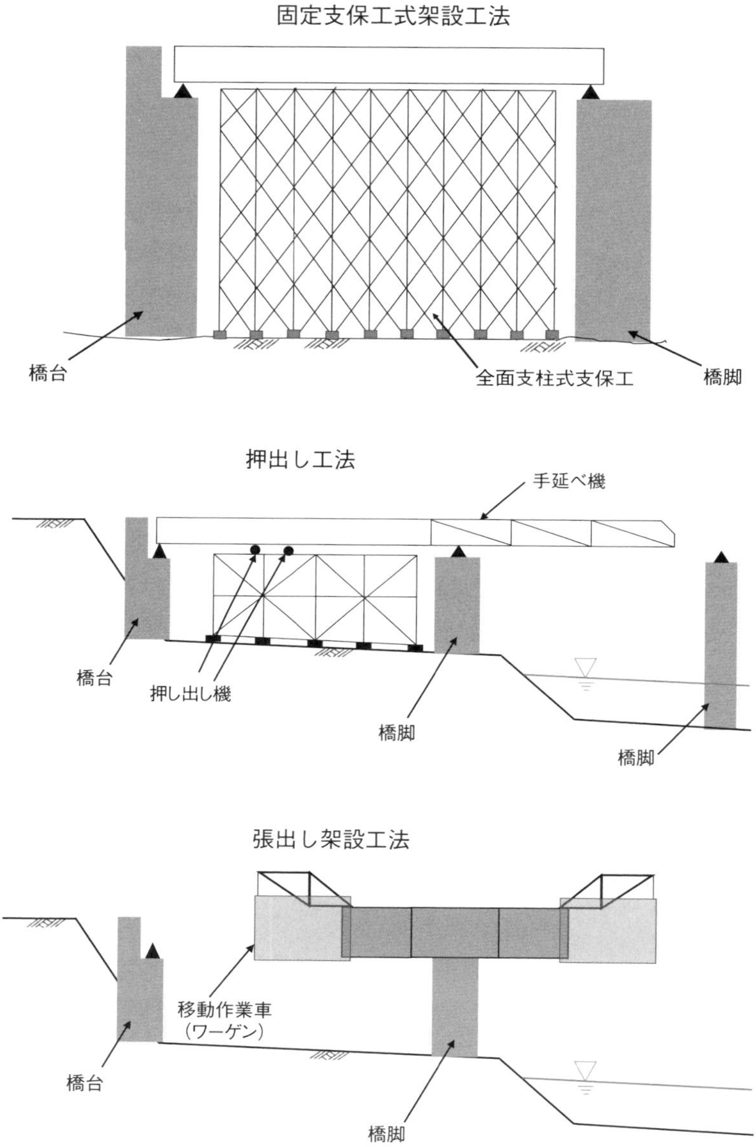

8-11 橋梁（鋼橋）

●鋼橋の架設

鋼橋は工場で作成した部材を現場に搬入して組み立てます。その際に、鋼板の接合部のかみ合わせによる不良、溶接不良、ボルト孔のずれなどがないように事前に確認するために仮組み立てを行います。

架設方法は架設する部材の大きさや施工場所の地形、橋梁下部の空間が利用できるかどうかなどを考慮して総合的に判断します。

① ベント工法
② ケーブルクレーン工法
③ 送り出し工法
④ 片持ち梁工法
⑤ フローティング工法

ベント工法は桁の継ぎ目に**ベント**と呼ばれる架設を支える台を設置します。クレーンで部材を吊り込み、現場で溶接して接合します。一般的にベントの高さは30mといわれています。地形が谷や山などではなく桁下の空間が自由に活用できる場合には、安価で安全な工法です。

ケーブルクレーン工法は、ベント工法とは異なり施工場所が谷や河など桁下の空間が活用できない場合に活用する工法です。ケーブルで部材を吊りながら架設し、接合します。一般的には直吊りと斜め吊りがあり、最後の接合の際の調整が難しいのが特徴です。

送り出し工法は、ケーブルクレーン工法と同様に桁下の空間が利用できないときに用いる工法です。片側で架設して地組した部材を手延機や移動台車、門型クレーンを利用して移動させる工法です。橋台の背面の空間が利用できるときに用いることができ、架設の時間が少なくて済むのが特徴です。

片持ち架設工法は、トラベラークレーンを用いてレールを設け運搬した部材を現地で組み立てる工法です。架設時の応力の検討を行い、架設用の仮支承を設置し施工を行います。架設時にも大きな応力が発生することから、接合はボルトの本締めを行いながら施工するため、最終の高さ調整が困難となります。

フローティング工法は河口部や港湾など、径間事や大ブロックの部材を**フローティングクレーン**と呼ばれる起重船を用いて一括で架設する工法です。

●塗装

鋼材は腐食を防ぐために防錆処理を行う必要があります。代表的な防錆処理法としては、塗装、対候生鋼材、亜鉛メッキ、金属溶射です。橋梁塗装の目的は、防錆と美観への配慮となります。塗装作業の順番は、プライマー・下塗り・中塗り・上塗りの４工程です。

図 8-11-1　鋼橋の架設工法

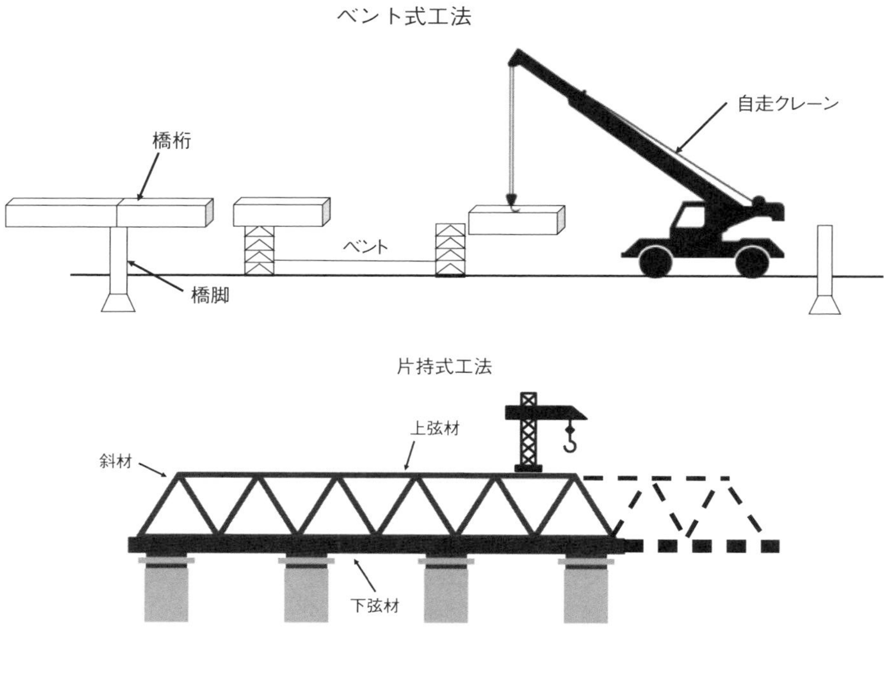

8-12 ダム

●コンクリートの仮設備

コンクリートダムの施工では、さまざまな仮設備があります。現地の材料である河川砂利や原石を保存する設備鶉やセメントを貯蔵するサイロ。コンクリートを運搬する設備として、従来工法ではタワークレーン、ケーブルクレーン、ジブクレーン、バケット。RCD 工法では固定式クレーン、インクライン、ダンプ、ベルトコンベアにより利用します。温度応力によるコンクリートのひび割れを防ぐための冷却施設や、グラウチング設備を設置します。

●従来工法によるコンクリートダムの施工

コンクリートの打ち込み前に、既設コンクリートとの水平打ち継ぎ目には**グリーンカット**というレイタンスの処理を行い、打ち込み前に 1.5cm 程度のモルタルを塗り込みます。着岩面に対しては、吹付けモルタルの除去や、浮石の除去、亀裂の充填など、コンクリートによる置き換えを行います。また打ち込み前には、厚さ 2cm 程度のモルタルを塗り込みます。

コンクリートの打設方法は図 8-12-1 のようにブロック方式と、レヤー方式に分けられます。1 リフトの厚みは、1.5 ～ 2.0m です。隣接したブロックとのリフト差はダム軸方向で 8 リフト以内、上下流方向で 4 リフト以内が標準です。標準的な打設間隔は中 4 日の 5 日ピッチで打設します。マスコンクリートとなるため、温度ひび割れを抑制するためパイプクーリングを行い、コンクリートの温度抑制を行います。

● RCD 工法によるコンクリートダムの施工

RCD 工法（図 8-12-2）は、貧配合の超硬練りコンクリートをブルドーザーで敷き均し、自走式の振動ローラで締固める工法です。コンクリートの運搬は、ダンプトラックや、ケーブルクレーン、インクラインなどで行います。材料分離を防ぐため、数回にわたり薄く敷き均し、水平面全体を打設するので縦継ぎ目は設けません。リフト厚は一般的に 0.5-0.75m とし、温度の抑制はパイプクーリングではなく事前に骨材や練り混ぜ水を冷やしコンクリートの温度を下げるプレクーリングを行います。

図 8-12-1　コンクリートの打設方法

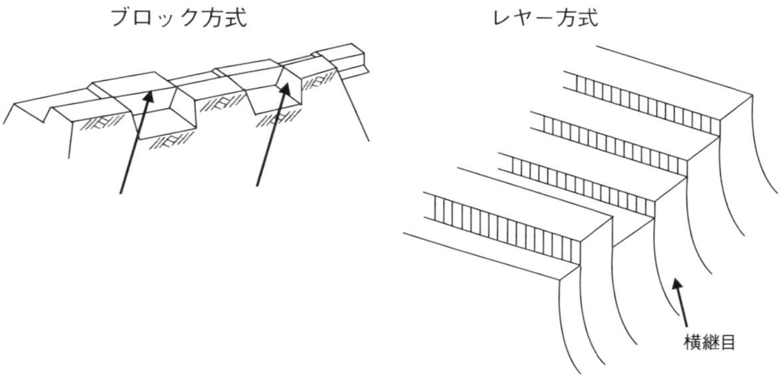

図 8-12-2　RCD 工法

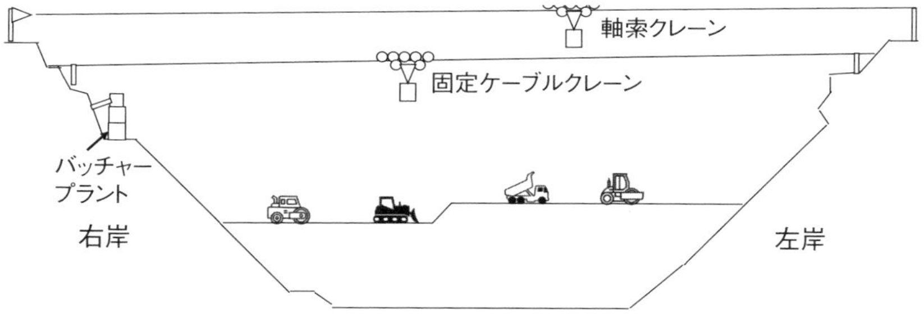

●フィルダムの施工

　ロックフィルダムの場合には、ダムの中心部を**コア材**と呼ぶ非透水性の材料である粘度質で構築します。その上流側と下流側をフィルタ材で構築し、その周りの上流側と下流側を**ロック材**という透水性の材料で構築します。ロック材の締固めは、大型の振動ローラで締固めます。アースフィルダムは主材料が 50% 以上の土を原料とするダムで、高さは 40m 程度が限度です。

8-13 トンネル

●掘削

現在一般的に使用されるトンネルの掘削工法は、次のように分けられます。

① 全断面掘削工法
② ベンチカット工法
③ 導坑先進工法

掘削で生じた土砂や岩塊を**ずり**といい、ずり運搬の効率でトンネルの掘削速度に影響します。

●支保工

掘削に伴い崩落などを防ぐため、トンネルを掘削したら速やかに支保工を行います。１次吹付けコンクリート、鋼製支保工、２次吹付けコンクリート、ロックボルトを行うのが一般的です。鋼アーチ支保工は、H 形鋼や鋼管をトンネルの形に合わせて曲げ、トンネル内に一定間隔に建込み地山を支える方式の支保工です。地山との隙間には楔を打ち込んで土圧を均等に支保工に伝えます。ロックボルト工法は落下しそうな岩の塊を、緩んでいない地山にロックボルトを使って締め付けるものです。締め付けられた岩は相互一体となってアーチ作用を発揮します。吹付けコンクリートは、掘削後時間が経過しないうちに速硬性のコンクリートを掘削面に吹付け、一時覆工として岩盤の表面の風化を防ぎます。コンクリートの練り混ぜ方式、圧送方式により乾式と湿式に分けられます。

●トンネルの覆工

覆工コンクリートはトンネルの安全性を長期的に保つために、化粧代わりに施工されるコンクリート構造物です。地山との一体化を図るために、地山の変位の収束後、施工します。覆工コンクリートの養生では、散水やシートなどを行い、覆工コンクリートのひび割れを防止する対策を講じます。

● NATM工法

郊外や山岳部のトンネルは**山岳トンネル**と呼ばれます。現在は山岳部ではNATMと呼ばれる工法でつくられています（図8-13-1）。掘削直後に地山に密着して吹付けコンクリートとロックボルトを施工することで、地山の緩みを最小限に抑え、地山が有している支保能力を最大限に利用する工法です。NATM工法は1980年まで用いられた矢板工法に比べて、品質が確保しやすく、山岳トンネルではNATMが使われるようになりました（図8-13-2）。

図8-13-1　NATM工法断面図

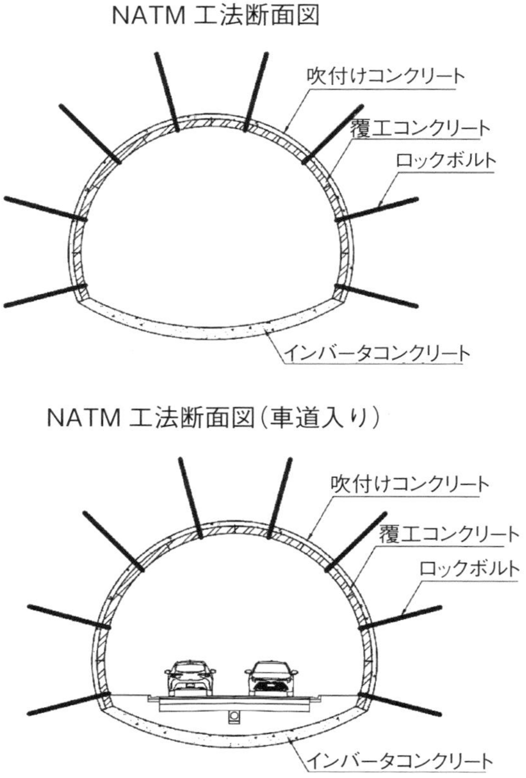

図 8-13-2　NATM 工法施工手順

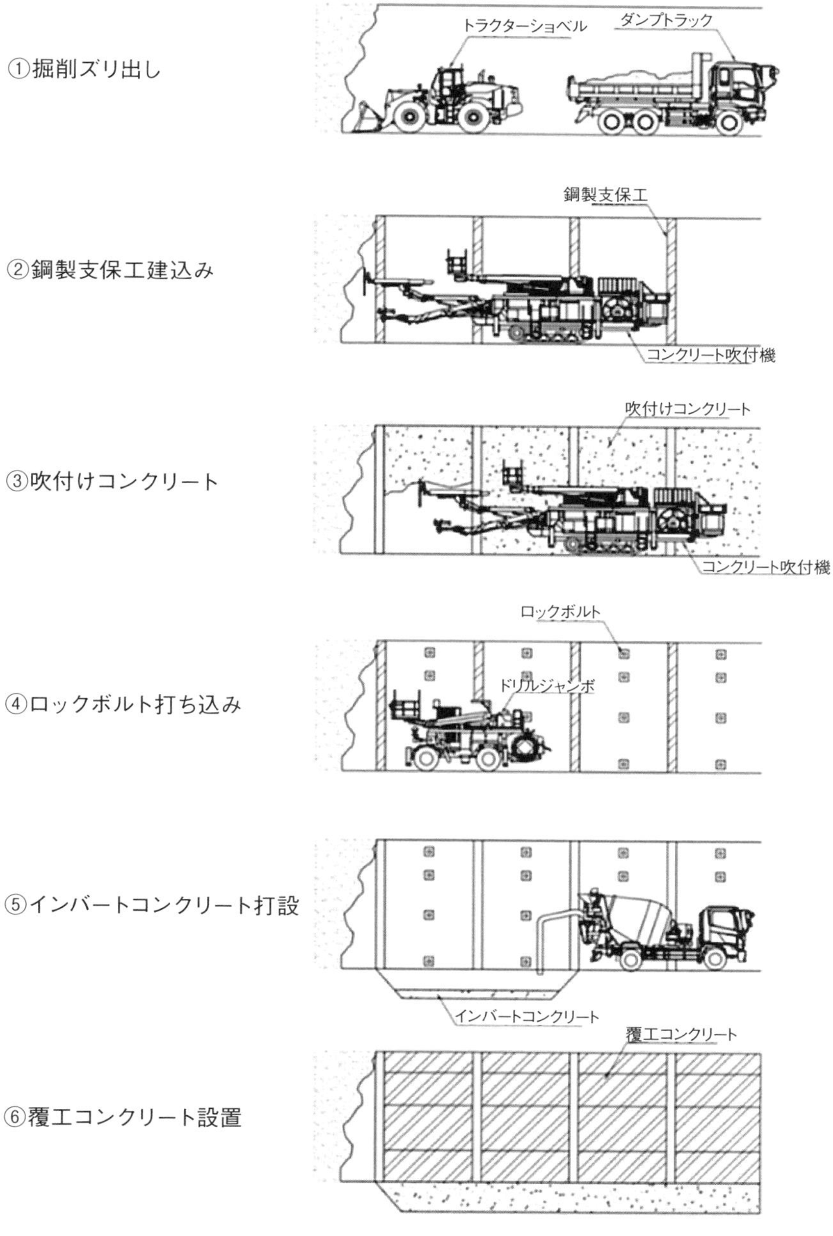

8-14 鉄道

●鉄道の構造

鉄道工事は、車両の車輪と接し車輪を直接支持するレールの施工精度が大切です。在来線のレールの間隔は1,067mm、新幹線は1,435mmです。また曲線部は車両に働く遠心力による影響を少なくするために、内側と外側のレールに高低差をつけるカントと、外側のレールを基準とし内側のレールを拡幅するスラックを付けます。

路盤の施工で砕石路盤の敷き均しは、モータグレーダまたは人力で施工を行い、1層の仕上がり厚は15cm以下とします。仕上がり面の規格値は設計高さ±25mm以内です。路盤より下3mを**路床**（**上部盛土**）といい、それ以下を**下部盛土**といいます。盛土の施工が完了後、路盤の施工の前に粘性地盤で6か月、それ以外では3か月、沈下が生じないように放置期間を設けます。鉄道工事では、鉄道の走行に異常を生じないように沈下に対して厳しいため、盛土を行う場合には注意が必要です。

●営業線近接工事

現在走行している営業線に近接して工事を行う場合は、現在走行する車両に悪影響を与えないように工事を進める必要があります。そのため、営業している鉄道に近接した場所で工事を行う場合には、営業線工事保安関係標準示方書で事故防止するために行うべき施策が定められています。なお、営業線近接工事の範囲は図8-14-1のように定められていますが、工事の実情に合わせて適応範囲を拡幅する場合もあります。

営業線近接工事の場合は、工事の請負者は営業線への事故を防ぐために以下の図8-14-2のような管理体制を定める必要があります。なお、監督員に書面で通告することで主任技術者と工事管理者を兼任することができますが、その場合は現場代理人との兼務はできません。

安全管理体制の役職と職務について解説します。工事管理者は事故防止について、工事管理者保と列車の運転状況を確認しながら各種施工の指揮および施工管理を行います。工事管理者保は、事故を防止するための保安業務を行います。具体的には、次に示す事柄を行います。

① 保安要員の設置計画および列車防護の訓練の計画と実施
② 作業関係者の点呼の立会い、保安要員に対する列車の運転状況の周知
③ 列車の見張り方法の周知・安全関係の標識や看板の整備

図 8-14-1　営業線近接工事の範囲

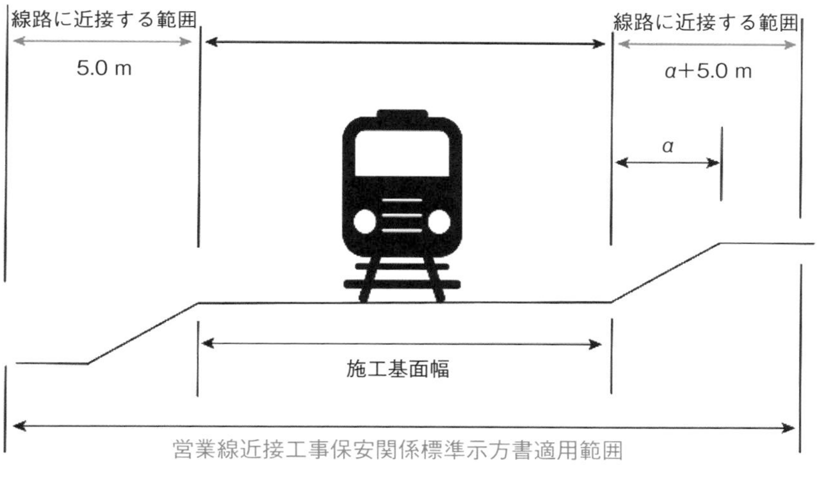

図 8-14-2　受注者の体制の例

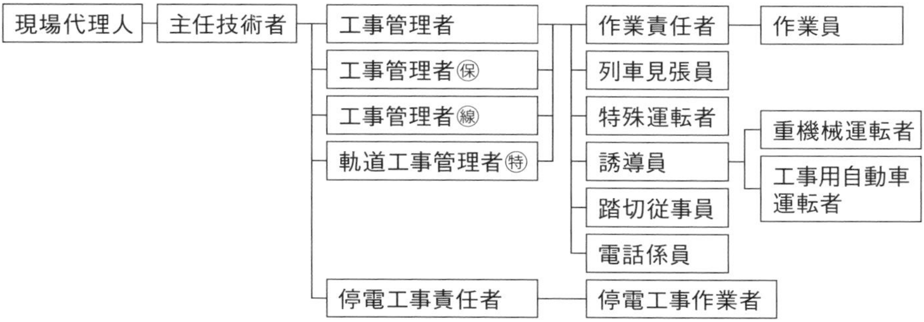

工事管理者線は線路閉鎖工事において、駅長らとの打ち合わせやトロリーの責任者となります。電力の送電を停止して工事を行う場合には保線区との打ち合わせを行うのが停電工事責任者です。列車見張員は工事管理者が指定した位置に配置し、列車の監視を行います。列車が作業場所に近接した際には、作業員や重機に対して列車接近の合図を送り、退避完了の合図を乗務員に行います。

保守用車両を使用する場合は、工事管理者保を保守用責任者として配置する必要があります。事前に監督員と打ち合わせを行い、監督員が不在の場合には保守用車両は使用することができません。レーンや重機の使用など振動や騒音で、列車の乗客や乗務員に不安を与えるような工事では、一時工事を中止し列車の通過を待たなければなりません。

働くとは

著者が好きなイソップ寓話『3人のレンガ職人』を紹介します。中世のとあるヨーロッパの町。旅人がその町を歩いていると、汗を流しながら、重たいレンガを運んで積んでいる3人のレンガ職人に出会いました。旅人は「何をしているのですか」とレンガ職人に尋ねると、3人のレンガ職人は次のように答えます。1人目は「そんなこと見ればわかるだろう。親方の命令でレンガを積んでいるんだよ」と答えました。2人目は「レンガを積んで壁をつくっているんだ。この仕事は大変だけど、家族のために給与が高いからやっているんだ」と。3人目は「レンガを積んで、後世に残る大聖堂を造っているんだ。こんな仕事ができて光栄なことだよ」と。レンガ積みの仕事を1人目は単純作業として仕事をしていて、2人目は家族や自分の暮らしのため、3人目は社会的な使命のために働いているのです。3人のレンガ職人はそれぞれ「レンガを積んでいる」という仕事は同じですが、何を目標にするかで感じ方はそれぞれ異なっています。著者は仕事で辛いことがあったときには、この寓話をいつも思い出すようにしています。土木の仕事はまさに後世に残るものをつくる仕事です。この寓話を胸に一緒に頑張りましょう。

8-15 上下水道

●上水道工事とは

水道施設は、取水施設、貯水施設、導水施設、浄水施設、送水施設、排水施設、給水施設に分類されます。上水道を各地に配水するための施設を配水管といい、以下の管が用いられます。

① ダクタイル鋳物管
② 鋼管
③ ステンレス鋼管
④ 水道用硬質塩化ビニル管
⑤ 水道配水用ポリエチレン管

●配水管の埋設位置

配水管本管は道路の中心よりに敷設し、配水支管は歩道よりに敷設します。道路法で配水管の土被りはやむをえない場合を除き 1.2m 以上とすると定められています。しかし、やむをえない場合の特例としては 0.6m 以上となっています。歩道に設置する配水支管の土被りは 0.9m 程度とし、こちらもやむをえない場合は 0.5m 以上とします。他の埋設物との離隔は 30cm 以上確保して敷設します。

●配水管の施工

配水管の据え付けは、下流から上流に向かって受け口を上流側に向けて施工します。管の継手部の漏水を防止するために、直管を用いて継手部分を曲げていく施工方法は禁止されています。曲管や T 字管などの異形管は、直管に比べて不均等な水圧を受けやすいため、漏水の原因になります。そのため、コンクリートにより巻き付けるブロック防護を原則とします。

また、排水した水を直ちに処理できるように、河川や用水路、下水道管の近くに排水設備を設置します。なお、水道橋に設ける配水管には橋の可動部に、橋の伸縮に追従するため伸縮継手を設けることが原則です。

●下水道工事

下水道工事は、日常生活に必要不可欠な社会基盤設備です。下水道は、公共汚水ますなどの排水設備から下水道本管マンホール、処理場などの処理施設までが下水道工事となります。

●下水道の構成

下水道の本管は下流に行くほど流量が多くなり径が太くなります。点検用の人孔は本管の方向や径、こう配を変える際に設置します。主な管きょの接合方法を図 8-15-1 に示します。

図 8-15-1　管きょの接合方法

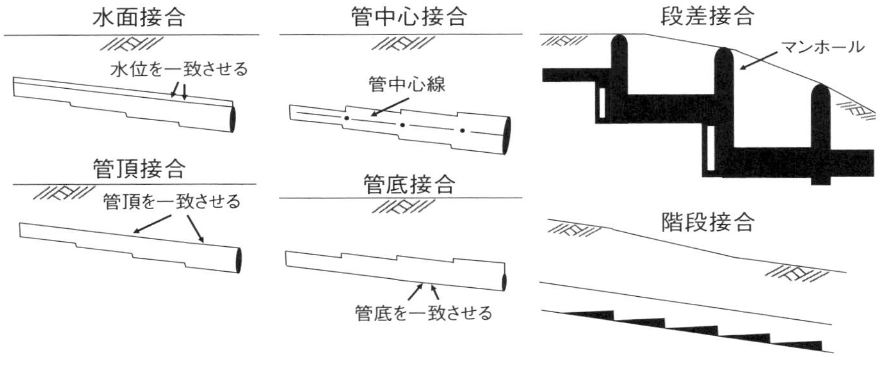

下水道管の材料は、遠心力鉄筋コンクリート管、レジンコンクリート管を用いる**剛性管きょ**と、ポリエチレン管、強化プラスチック複合管、硬質塩化ビニル管を用いる**可とう性管きょ**があります。

雨水ますは、土砂が流れてきた場合に一時滞留させる機能が必要なため、雨水ますの底に 15cm 以上の泥溜めを設けます。雨水ますの設置間隔は 30m 以内とされています。雨水ますや汚水ますから下水道本管へ接続する取付け管は、ますと下水道本管に対して 10° 以上の角度をつけて下水道本管の頂部に取り付けます。

●下水道管の施工方法

下水道管の敷設は、次の3種類が一般的に用いられます。

① 開削工法
② 推進工法
③ シールド工法

下水道管の敷設工事で一般的に用いられるのが**開削工法**です。アスファルトを切断し道路の掘削を行い、下水道本管を敷設し埋戻しを行います。舗装の仮復旧を行い、下水道本管を全部設置したあとに全面の舗装復旧を行います。

推進工法は、下水道管を埋設する位置が地表面からかなり深い場合に用いられる工法です。また、河川や、電気、ガス、電話線や共同溝、用水路など、埋設物が施工の支障となるような場所でも用いられる工法です。まずは推進機を設置するための**立坑**と呼ばれる穴を掘ります。推進機を立坑の最下部に設置し、水平方向に掘削していきます。

終点側の立坑から推進機を取り出し、マンホールの設置と埋戻しを行います。**シールド工法**は、掘削機を掘削機後方の**セグメント**と呼ばれるリング状の支保工をジャッキで置きながら掘削していく工法です。掘削しながら後方にセグメントを設置し、セグメントを反力にジャッキで推しながら掘削機が前に進んでいきます。推進工法と同様に立坑を掘り、掘削機を設置して掘削します。長距離での施工にも適していて施工延長は約9kmまで行うことが可能です。

8-16 河川・砂防（河川）

●築堤工

堤防の築堤工事は、次の3種類に分けられます。

① 新しく堤防を築造する
② 現堤防の背面に新しい堤防を築堤し、川幅を広くする
③ 現在の堤防の断面を大きくする

古い堤防に新しい堤防を施工する場合は、新しい堤防を安定させるため新旧の堤防を3年は併存させます。旧堤防に腹付けを行う場合は、高さ50cm以上、段切り幅100cm以上の段切りを必ず行います。基礎地盤の圧密沈下や堤防自体の圧縮に備えて堤防の高さの5%～10%程度の余盛を行います。堤防は道路の盛土と異なり、強度が強く透水性の小さい構造物である必要があります。敷き均しは、30cm程度の厚さで締固めは所定の密度まで転圧します。

●護岸

護岸は河川や堤防の浸食を防ぐために構築される工作物で、のり面覆工、基礎工、根固め工で構成されます（図8-16-1）。低水時に低水路を維持する低水護岸と、高水時の高水護岸に分けられます。護岸の高さは計画高水位までが原則ですが、必要に応じて堤防の天端まで行います。護岸の根入れは中小河川では0.5m～1.0m程度、急流河川では1.0m程度です。基礎工と根固め工は必ず縁を切ります。

●護岸の施工

護岸の施工順序は、基礎工→根固め工→のり面復工→天端工の順番に行います。のり面覆工の種類は、次の工法が一般的です。

図 8-16-1　護岸

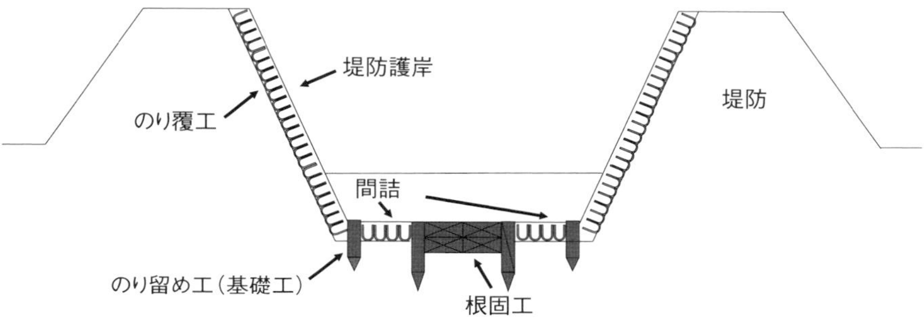

① 石積み工
② かご枠工
③ コンクリート張工
④ コンクリートブロック工
⑤ 蛇籠工

かご枠工は鋼製のかご枠を組み、中で石を入れて強固にしたものを積み上げて施工する工法です。**コンクリート張工**は厚さ 10 ～ 50cm のコンクリートを直接のり面に打設する方法です。**コンクリートブロック工**は、コンクリートブロックを積み重ねてのり面に壁面をつくる工法です。**蛇籠工**《じゃかごこう》は円筒型の鉄筋かごを組み立てて、中に石を入れてのり面に沿って並べる工法です。のり面覆工はのり面勾配や河川の勾配、流量、勢いを考慮して決定します。

のり面覆工を支持し洗堀を防止する役割として、基礎工が必要です。基礎工の崩壊が原因でのり面覆工が壊れる可能性があるほど大事な工種です。基礎工の高さは、現河床か計画河床の低いほうより、0.5 ～ 1.0m 程度の埋め込みを行うのが一般的です。

根固め工は、洗堀の防止を目的として基礎工の前面に位置し、屈とう性が必要です。**屈とう性**とは、河床の洗掘に際しては変形に追従できるような性質のことで、河床の変動になじむような構造であることが求められます。屈とう性のある構造物とは、連結ブロックなどがあげられます。施工は、一般的に上流から下流に向けて進めていきます。根固め工の種類は以下のとおりです。

①捨石工
②鉄筋籠工
③杭打ち工
④コンクリートブロック根固め工

第9章

施工管理

工事を開始するまでに発注者に書類を提出し、工事の計画を立てて資機材の発注を行い、工程表を作成し進捗を把握して、現場に危険な場所が生じないように安全を管理します。このように、工事を円滑に進行し品質の高い工事目的物をつくるためには施工管理が必要不可欠です。本章では、現場の施工管理の基本である安全管理、工程管理、品質管理、原価管理について理解しましょう。

9-1 施工管理

●施工管理の役割

土木工事をより安全に、より良く、より速く、より安く施工するためには、工事を管理する必要があります。工事を円滑に進めるために施工管理は必要不可欠です。施工管理の具体的な業務内容は以下のとおりとなります。

- **安全管理**：決められた法律に従って安全に
- **工程管理**：決められた期間内で
- **出来形管理**：決められた形に
- **品質管理**：決まられた品質で
- **原価管理**：決められた予算内に

契約図書に基づく設計図書どおりに上述の内容に基づき工事の計画を立て、工事目的物の完成に向けて工事の施工を進め管理を行います。品質と工期と価格には図 9-1-1 のような特徴があります。必要以上に品質の高いものをつくれば、価格が高くなり、工期もかかります。最適な品質で、最適な工期で、最適な価格で工事を進めるために、施工管理を行う必要があります。

図 9-1-1　品質・工期・価格

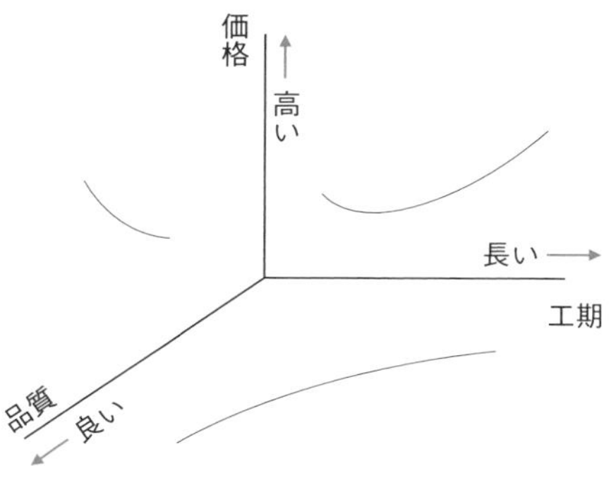

●施工管理の手順

施工管理は、PDCA サイクル（計画→実施→検討・評価→処置・改善）に基づき、次の手順に従って実施します（図 9-1-2）。

計画（Plan）：工事目的物に対して、施工管理基準書に基づいて管理項目ごとに規定値を定める。
実施する（Do）：定めた計画に基づいて作業を進める。
検討・評価（Check）：作業に応じて得られたデータを整理し、計画と実施の差異を確認して、比較・検討を行う。
処理・改善（Act）：検討結果をもとに計画から外れていないか確認し、改善点を考える。

この一連のサイクルを循環して、精度を高めていきます。

図 9-1-2　PDCA サイクル

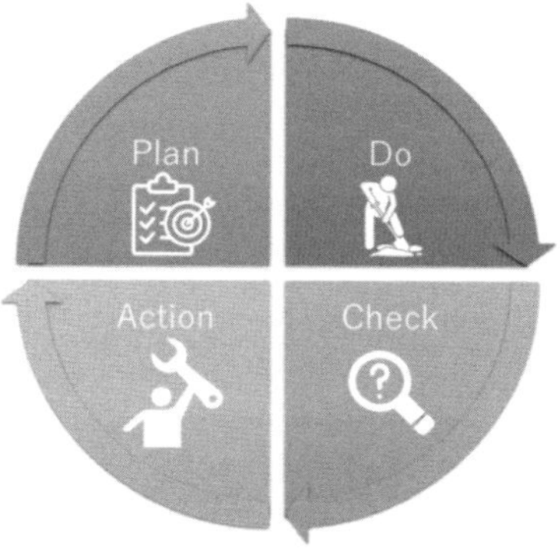

●施工管理技士

施工管理技士の役割は、工事目的物の完成を目指して施工段階におけるムリ・ムラ・ムダを排除し、効率的に安全に工事を進めることです。土木工学全般にわたる深い専門知識と豊かな経験が必要となります。「土木施工管理技術検定」は、建設工事に必要不可欠な技術者の技術力の向上と技術水準の確保を目的として行っています。

9-2 安全管理（労働災害と安全管理体制）

●労働災害の発生状況

建設業の労働災害による死亡者は令和元年度で258名と、平成27年以前の330名余りからは減少しています。しかし、いまだに多くの尊い命が失われているのが現状です（表9-2-1、表9-2-2）。

表9-2-1　全産業と建設業における死亡災害の対比

	平成27年	平成28年	平成29年	平成30年	令和元年 平成31年	令和2年
全産業	972	928	978	909	845	802
建設業	327	294	323	309	269	258

出典：建設業労働災害防止協会

表9-2-2　建設業における死亡災害件数

	平成27年	平成28年	平成29年	平成30年	令和元年 平成31年	令和2年
墜落	19	26	35	30	23	25
飛来落下	20	13	9	12	10	11
土砂崩壊	7	9	9	7	8	9
自動車等	9	18	22	15	12	17
建設機械等	28	16	24	24	17	21
その他	24	18	24	23	20	29
小計	107	100	123	111	90	102

出典：建設業労働災害防止協会

建設業における死亡事故の発生原因は墜落が１番で、全体の約２割を占めています。加えて、建設機械などによる災害および飛来・落下による災害を加えたものが建設業の３大災害といわれていました。

●安全衛生管理体制

労働安全衛生法では、安全衛生管理組織を設立するように定めています。

建設現場では複数の事業者が混在して作業を行うため、請負契約を行った各協力会社の調整が必要になります。そこで、混在作業時に労働災害を防止するための対策が必要になります。労働安全衛生法で特定元方事業者には混在作業時の労働災害を防止するため、請負契約を行った協力会社が参加する協議組織を設置することになっています。統括安全衛生責任者は、特定元方事業者の現場で、元方事業者の従業員および関係者請負者が複数同時に作業する場合に生じる可能性がある労働災害を防止するために、現場の安全面を統括・管理する担当者です。元方安全衛生管理者は、統括安全衛生責任者が行う職務のうち技術的事項を管理させるために選任する必要があります。どちらも、1つの場所で元請け下請けも含めて働く人数が常時50人以上の場合、元請け事業者から選任する必要があります。

●元方事業者が講ずべき措置

工事現場では多くの企業が同時に同じ場所で作業を行います。そのため、特定元方事業者は関係請負人の労働者の労働災害を防止するために、措置を講じる必要があると労働安全衛生法で定められています。

- 協議会の設置および運営
- 作業間の連絡および調整
- 作業場所の巡回（午前、午後各１回）
- 係請負人が行う従業員の安全と衛生のための教育に対する指導・援助
- 仕事の工程、機械・設備などの配置についての計画作成と、機械・設備などを使用する作業に関し関係法令に規定された措置についての指導
- 前各号に掲げるもののほか、当該労働災害を防止するため必要な事項

9-3 安全管理（安全衛生教育）

●安全衛生教育

危険が伴う作業場で安全に作業するために、労働者に対して不安全な行動をせずに、機械や設備を使用していただくために適切な教育を実施する必要があります。労働者に対する**安全衛生教育**とは、法律上で実施することが定められたものと、事業者が独自の判断で行っているものがあります。労働安全衛生法では、安全衛生教育を以下の場合に行うこととされています。

雇い入れ教育

労働安全衛生法第59条で定められています。事業者は労働者を雇い入れたときは、労働者に対して安全と衛生に関する教育を行うことが義務付けられます。労働安全衛生規則第35条で表9-3-1のように定められています。

表 9-3-1　雇い入れ時教育

労働者を雇い入れたときは、遅滞なく、次の事項について、教育を行わなければならないことになっている。 ただし､労働安全衛生法施行令第２条第３号に掲げる業種 (その他の業種) の事業場の労働者については、第１号から第４号までの事項についての教育を省略することができる。
1 機械等、原材料等の危険性または有害性およびこれらの取り扱い方法に関すること。
2 安全装置、有害物抑制装置または保護具の性能およびこれらの取り扱い方法に関すること。
3 作業手順に関すること。
4 作業開始時の点検に関すること。
5 当該業務に関して発生するおそれのある疾病の原因及び予防に関すること。
6 整理 整頓および清潔の保持に関すること。
7 事故時等における応急措置および退避に関すること。
8 前各号に掲げるもののほか、当該業務に関する安全または衛生のために必要な事項。

作業内容変更時教育

労働安全衛生法第59条で雇い入れ時と同じ内容を作業内容が変更した際にも行う必要があると定めています。

特別教育

労働安全衛生法第59条で厚生労働省令により定められた危険・有害な業務に従事する場合は、特別な教育が必要とされています。

●職長教育

労働安全衛生法第60条で定められた業場で新たに職長に就くことになった人に対して実施が義務付けられている講習（表9-3-2）です。

表9-3-2　職長教育の内容

講習科目
作業手順の定め方 労働者の適正な配置の方法
指導および教育の方法 作業中における監督および指示の方法
危険性または有害性などの調査の方法 危険性または有害性などの調査の結果に基づき講ずる措置 設備・作業などの具体的な改善の方法
異常時における措置 災害発生時における措置
作業に係る設備および作業場所の保守管理の方法 労働災害防止についての関心の保持および労働者の創意工夫を引き出す方法

職長教育の講習内容や講習時間は安全衛生法で規定されています。講習時間12時間で、2日間にわたって行われます。なお、職長教育は講義の受講のみで実技はありません。安全衛生教育等推進要綱によって、おおむね5年ごと、あるいは機械設備などに大幅な変更があったときに、職長の再教育を行うことが求められています。

●新規入場者教育

労働安全衛生規則第642条の3で特定元方事業者は、工事関係受注者の中でその労働者のうち、新たに作業を行うこととなった者に対する新規入場者教育の実施に必要な場所、資料の提供などの援助を行う必要があります。また、必要に応じて特定元方事業者が自ら新規入場者教育を行います（表9-3-3）。

表9-3-3　新規入場者教育の内容

新規入場者教育の内容
①労働者が混在して作業を行う場所の状況
②労働者に危険を生ずる箇所の状況
③混在作業場所において行われる作業相互の関係
④退避の方法
⑤指揮命令系統
⑥担当する作業内容と労働災害防止対策
⑦安全衛生に関する規定
⑧建設現場の安全衛生管理計画の内容

9-4 安全管理（選任および計画）

●選任の届け出

労働安全衛生法では事業者は労働基準監督署に対して、工事現場の規模などに応じて表 9-4-1 に示す届け出を行う必要があります。

表 9-4-1　選任の届け出が必要な一覧表

法令	書類名	どのようなとき必要か	提出期限	提出先
安衛法	特定元方事業開始報告 統括安全衛生責任者選任報告 元方安全衛生管理者選任報告 店社安全衛生管理者選任報告	1. 下請を使用する特定元方事業者 2. 常時 50 人（ずい道、圧気、一定の橋梁は 30 人）以上使用する工事では統括安全衛生責任者、元方安全衛生管理者を選任 3. ずい道、圧気、一定の橋梁は 20 ～ 29 人、S 造、SRG 造は 20 ～ 49 人の場合	工事後遅滞なく	労基署
	共同企業体代表者届（変更）（様式 1 号）	代表者を選出・変更したとき	工事開始 14 日前	労基署
	安全管理者選任報告（様式 3 号）	元請下請の区分にかかわりなく常時 50 人以上の労働者を使用するに至ったとき	選任事由発生後 14 日以内に選任し、遅滞なく	労基署
	衛生管理者選任報告（様式 3 号） 産業医選任報告（様式 3 号）	元請下請の区分にかかわりなく常時 50 人以上の労働者を使用するに至ったとき	選任事由発生後 14 日以内に選任し、遅滞なく	労基署

表 9-4-2　建設工事に事前許可が必要な一覧表

法令	書類名	どのようなとき必要か	提出期限	提出先
安衛法	建設物、機械等設置・移転・変更届（様式 20 号） 計画の作成にあたっては、有資格者の参画が必要（ただし右の 1，2）	1.（型枠支保工） 支柱の高さが 3.5 m以下の場合も型枠支保工組立図を作成 2.（足場）（60 日以上） 高さ 10 m以上の構造のもの、ただし吊足場、引出し足場はすべて 3.（仮設通路）（60 日以上） 高さ、長さが 10 m以上のもの 4.（軌道表面）	工事開始 30 日前	労基署
	建設工事計画届（様式 21 号） 計画の作成にあたっては、有資格者の参画が必要	1. 高さ 300 m以上の塔の建設 2. 堤高 150 m以上のダムの建設 3. 最大支間 500 m（つり橋は 1000 m）以上の橋梁の建設 4.3000 m以上のずい道等の建設 5.1000 m以上 3000 m未満のずい道等の建設で深さ 50 m以上のたて坑（通路として使用されるものに限る）の掘削を伴うもの 6. ゲージ圧力 0.3 M Pa 以上の圧気工法の作業	工事開始 30 日前	厚生労働大臣
	建設工事計画届（様式 21 号） 計画の作成にあたっては、有資格者の参画が必要	1. 高さ 31 m以上の建築物・工作物の建設、改造、解体 2. 最大支間 50 m以上の橋梁の建設等 3. 一定の人口集中地域等での最大支間 30 m以上 50 m未満の橋梁の上部構造の建設等 4. ずい道等の建設等 5. 掘削の高さ、深さが 10 m以上の地山の掘削の作業（掘削機械を用いる作業で掘削面の下方に労働者が入らないものを除く） 6. 圧気工法による作業 7. 耐火建築及び準耐火建築の石綿の除去の作業 8. 廃棄物焼却施設解体工事	工事開始 14 日前	労基署

●計画の届け出

労働安全衛生法第88条では、事業者は一定の建設物および機械などの設置、規模 種類の建設工事を開始する場合や変更を行う場合は、事前にその計画内容を所轄労働基準監督署長に届け出るように義務付けられています(表9-4-2)。

表9-4-3の仕事では、労基署へ提出した計画届に基づき都道府県労働局長の審査対象となる場合があります。

表9-4-3　都道府県労働局長の審査対象となる建設・作業

対象となる建設・作業
・高さが100m以上の建築物の建設
・堤高が100m以上のダムの建設
・最大支間が300m以上の橋梁の建設
・長さが1000m以上のずい道等の建設
・掘削工事が20万平方メートル以上の採掘の作業
・ゲージ圧0.2MPa以上の圧気工法による作業

9-5 安全管理（作業主任・指揮者）

●作業主任者

労働安全衛生法第 14 条で、厚生労働省が定めた業務に対して、作業主任者を選任し作業主任者に直性津作業の指揮を行い、厚生労働省が定める事項を行わなければなりません（表 9-5-1、表 9-5-2）。

表 9-5-1　作業主任者が必要な作業一覧（技能講習）

業務内容
・型枠支保工の組立または解体
・吊り足場、張出し足場または高さ５m以上の足場の組立、解体、変更
・高さ５m以上の鉄骨の組立、解体、変更
・高さ５m以上または支間 30 m以上の鋼橋梁の上部構造の架設、解体、変更
・軒高５m以上の木造建築物の組立等
・高さ５m以上のコンクリート造の工作物の解体、破壊
・高さ５m以上または支間 30 m以上のコンクリート橋梁の上部構造の架設、変更
・掘削面の高さが２m以上の地山の掘削
・土止め支保工の切ばり、腹おこしの取り付け、取り外し
・ずい道等の掘削、ずい道支保工の組立等
・ずい道等の覆工
・第１種および第２種酸素欠乏危険場所における作業
・掘削面の高さが２m以上の岩石の採取
・高さ２m以上のはいのはい付け又ははいくずし
・コンクリート破砕器を使用する破砕
・屋内作業場等で有機溶剤等の取り扱い
・特定化学物質の製造、取り扱い
・鉛業務に係る作業
・５台以上の木材加工用機械を使って行う作業 （自動送材車式帯のこ盤を含む場合は３台以上）
・石綿等を取り扱う作業

表 9-5-2　作業主任者が必要な作業一覧（免許）

業務内容
・高圧室内作業
・アセチレン溶接装置による金属の溶接等
・放射線業務に係る作業
・原動機の定格出力 7.5kW 超、支間 350 m以上、最大使用荷重 200kg 以上の機械集材装置および運材　道の組立、解体、運搬等

●作業指揮者

各規則で定められた作業を行うときは、作業指揮者の指名が義務付けられています。 作業指揮者は直接作業を指揮するだけでなく、作業計画の立案、作業方法の選定、労働者の配置の決定、設備器具などの点検を行うことが必要です。作業指揮者が特別必要な資格は存在しませんが、経験・知識が豊富なものを指名して行います。作業指揮者が必要な業務は表 9-5-3 のとおりです。

安全は最優先

著者が建設会社で働いていたときに、大きな事故を起こしてしまいました。原因としては、資格をもっていない人が重機に乗ってしまったことです。元請けの会社の職員として、管理の不足を問われました。人の命や健康に関わる「安全」は何よりも優先します。働いている一人一人に帰りを待っている人が必ずいて「いちいち、うるせーなー」などといわれても、命には変えられません。文句をいわれることも仕事の一部ですので、ときには厳しいことをいうのも業務の一部で、安全に作業を進めることが監督の大事な仕事です。

表 9-5-3　作業指揮者が必要な作業一覧

業務内容
・特例によりクレーンに定格荷重を超える荷重をかけて使用するとき
・クレーンの組立または解体
・移動式クレーンのジブの組立または解体
・特例によりデリックに定格荷重を超える荷重をかけて使用するとき
・デリックの組立または解体
・エレベーターの組立または解体
・建設用リフトの組立または解体
・車両系荷役運搬機械を用いて行う作業
・車両系荷役運搬機械の修理またはアタッチメントの着脱
・一の荷で 100kg 以上の荷の構内運搬車への積卸し
・一の荷で 100kg 以上の荷の不整地運搬車への積卸し
・一の荷で 100kg 以上の荷の貨物自動車への積卸し
・杭打機、杭抜機、ボーリングマシンの組立、解体、変更または移動
・高所作業車を使用する作業
・高所作業車の修理または作業床の着脱作業
・コンクリートポンプ車の輸送管等の組立または解体
・車両系建設機械の修理またはアタッチメントの着脱
・危険物の取り扱い
・導火線発破作業
・電気発破作業
・停電または高圧、特別高圧の活線または活線近接作業
・ガス導管の防護の作業
・一の荷で 100kg 以上のものの貨車への積卸し

9-6 工程管理

●工程管理の目的

工程管理を行う目的は、品質の確保と工期を守るためと経済的な施工を行うことです。工期は工事の着工から完成までに長い期間を要し、天候などの自然条件に左右されます。単に各工種や各工程の時間的な側面からの管理ではなく、経済的および品質的な面からも、合理的な施工機械の選定や労務の配分、資材の発注などを総合的に考慮する施工管理の目的とほとんど一致する重要な管理活動です。

●横線式工程表

ガントチャート式工程表　縦軸に工種、横軸に完成率をとったもので、各工種の完成率しかわかりません。

バーチャート式工程表（図 9-6-1）　縦軸に工種、横軸に工期をとったもので、各作業の工期が明確にわかります。しかし、作業間の相互関係や後期に直結するもが何であるかわかりません。

ネットワーク式工程表（図 9-6-2）　各作業の開始と完了を１つの要素として、網の目のようにまとめたものがネットワーク式工程法です。各作業の順番がわかるため工種の相互関係が複雑で、工期の長い現場に適しています。各作業にかかる日数や作業通同士の相互関係がわかるため、クリティカルパスを明確にできて重点的に行うべき作業を管理するのに適しています。**クリ**

図 9-6-1　バーチャート式工程表

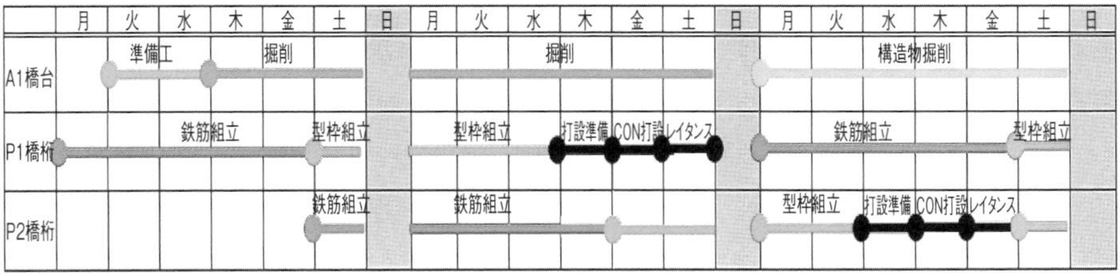

ティカルパスとは、工期に一番影響する最長となる経路のことです。

ネットワーク式工程表の一番の利点は、工期に大きく影響を与える工程が明確化され、重点的に管理を行うことができる点です。また、資器材や労務の計画が立てやすく、作業順序が明確になるため、担当者同士の調整が容易になります。欠点としては、横線式の加筆する 工程表に比べて労力が必要になり作成に時間がかかる点があります。

図 9-6-2　ネットワーク式工程表

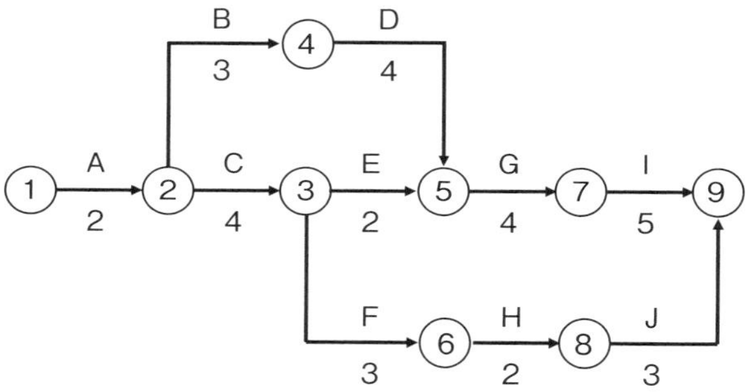

●曲線式工程表

出来高と工程の進捗がわかるもので、縦軸に工事の出来高、横軸に工期をとり曲線で出来高を表します。土木工事の初期は､段取りや準備工事があり、終盤は片付けや撤去工があるため、出来高が上がりにくいため工事全体の作業の流れからみると理想的な実施工程の曲線はS字型になります。

また、先ほどの表に上方許容限界線と下方許容限界線を加えたものが、工程管理曲線工程表（図 9-6-3）です。また、工程管理曲線はバナナの形であることから、別名**バナナ曲線**と呼ばれます。

上方許容限界線と下方許容限界線との間にあるときは、品質、工期、経済性が確保できていると判断できます。上方許容限界線より上にある場合は、工程に無理が生じています。また、下方許容限界線より下にある場合は、早急に工程を復旧する必要があります。

図 9-6-3　工程管理曲線工程表

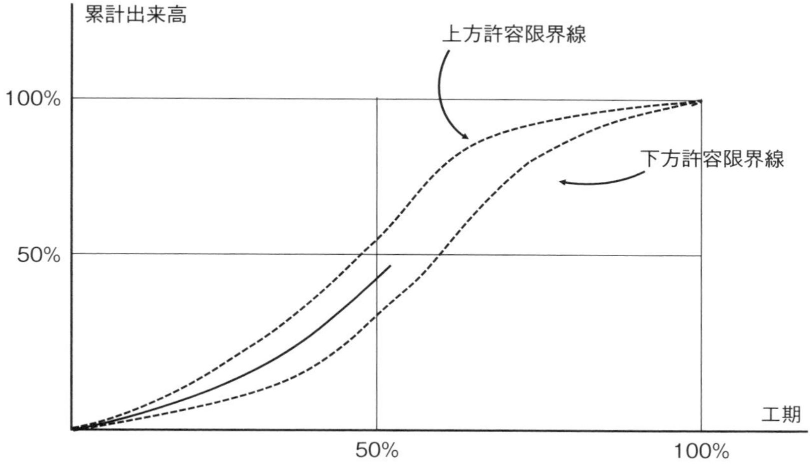

9-7 品質管理

●品質管理の目的

品質管理とは、不良品やミスの発生を少なくすることを目的として、作業段階から行う活動のことです。品質管理の達成のために、PDCA サイクルを順番に行うことで、品質の向上につなげていきます。

建設業における土木工事では構築する構造物は、構造物が完成してから不良個所を見つけるのは困難で修復にも多大な費用と期間がかかることから、施工中の品質管理は必要不可欠です。 万が一、無料箇所を見落とした場合、多くの人が利用する土木構造物では、重大な災害につながるおそれがあることから不良個所を工事中の発見する必要があります。

●品質管理の手順

品質管理の手順は、以下のとおりです。

①品質特性、品質標準を決める
②品質標準を達成するための作業標準を決める
③作業標準に従い施工を行い、作成物のデータを集める
④集めたデータをもとにチェックを行う
⑤チェックした内容をもとに改善を行う
⑤で改善した作業標準に従い、③以降を繰り返す

品質特性とは、設計図書で定められた品質を満たすために管理する項目です。品質特性は、工事目的物の仕上がりを左右する事項のため、その決定にあたっては、以下の点に注意して品質特性を決定します。

①作業を総合的に評価できものであること
②最終的なできあがり影響するような重要なもの

③なるだけ早く結果のわかるもの
④測定しやすいもの
⑤工程に対して処置が容易なもの

などの条件を考慮して品質特性を決定する必要があります。

●ヒストグラム

できあがった製品には１つ１つばらつきが生じます。**ヒストグラム**（図9-7-1）とは、データのばらつきを把握するのに効果的な方法です。ヒストグラムは､データのばらつきをもとにデータの範囲をいくらかの区間に分類し、データの度数として高さとして表したものです。

図 9-7-1　ヒストグラムの例

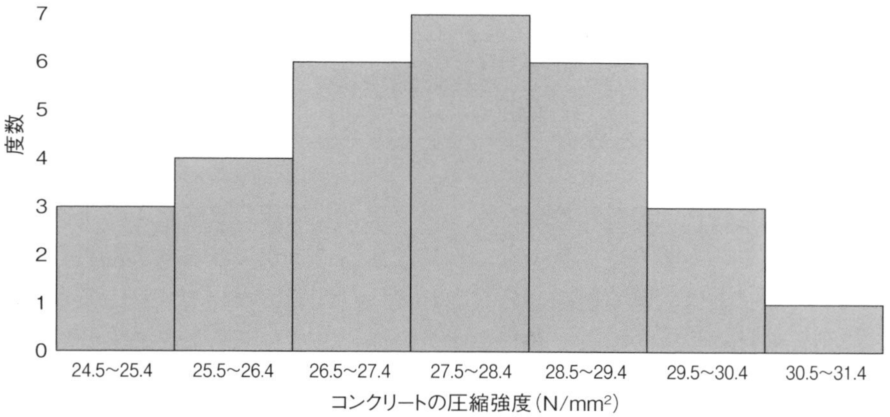

「どのようなばらつきがあるのか」を知るために適した方法で、規格値に対してどれだけの精度で目的物ができているのか確認できることから、現状の把握や品質の良否の判断に適しています。

ヒストグラムはデータをまとめた度数表（表9-7-1）を用いて作成します。作成手順は以下のとおりです。

① データを収集し、データの範囲と最大値、最小値を決める
② ①で決めた範囲を等間隔に分ける
③ ②で定めた区間内の度数をまとめて度数表を作成する
④ ③の度数表を元にヒストグラムを作成する

表 9-7-1　度数表

区間	度数
24.5 ~ 25.4	3
25.5 ~ 26.4	4
26.5 ~ 27.4	6
27.5 ~ 28.4	7
28.5 ~ 29.4	6
29.5 ~ 30.4	3
30.5 ~ 31.4	1
合計	30

横軸に品質特性、縦軸に度数を取りグラフとして表します。ヒストグラムの分布を見ることで良い品質のものか確認することができます。品質管理の観点から品質とは、ある範囲に分布されていればOKなのです。工程が安定して品質のばらつきも少なく規格を十分に満たしているものとなります。

9-8 原価管理

●原価管理の目的

原価管理は適正な利益の確保を目的として行う活動です。工場で生産される商品は大量に生産することで、商品１個をつくるためのコストを下げて利益を上げます。しかし、土木の工事は工場でつくるような製品とは異なり、単品受注品となり現地で生産(施工)を行います。そのため、土木の工事では、合理的で無駄のない施工を進めることで、原価を減らし利益を上げることにつながるのです。さらに、土木の工事は現場ごとに条件がまったく異なります。そんな中で、合理的な施工をするために**5M**（労務、機械、お金、設備、材料）と呼ばれる生産手段を適切に配分する必要があるのです。

●工事費の構成

工事費の分類は発注者の積算は受注者の現場の算出方法で異なりますが、

図 9-8-1　建設業の 5M

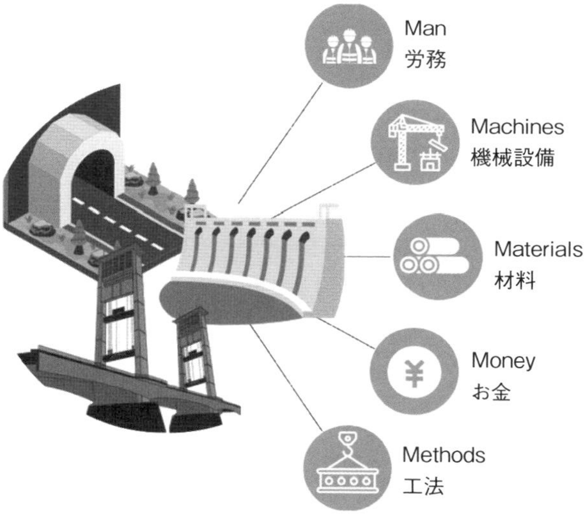

国土交通省の公共建設工事共通費積算基準に基づくと図 9-8-2 のようになります。

図 9-8-2　工事費の構成

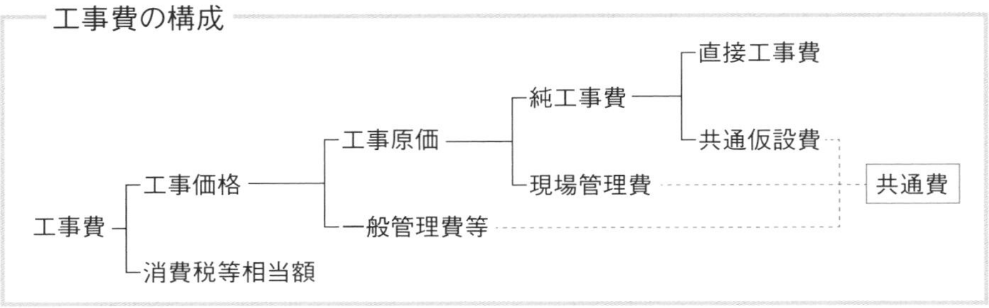

提供：国土交通省

●実施原価と実行原価

一般に土木工事における原価管理は工事ごとに定めた実行予算をもとにして、予算額と支出額を管理していくものです。まず、発注者の規格で定めた工事予定価格があります。入札を目的とした工事予定価格に対して、施工業者が決定した段階で、工事施工に向けて実行予算を組みます。実際の施工の際にはこの実行予算を利益の確保のために下回るように努力していきます。

●原価管理の手順

入札に関して予定価格を設定し、工事開始に伴って予定原価を積算し、工事の施工にあたって発生した費用と実行予算を比較します。その差異を求め、現場で無駄や不経済になっている施工箇所を改善します。もし、実行予算を超過しているのであれば、無駄な部分を改善し以後の施工において生産効率を上げる努力をしていかなければなりません。もちろん原価は、単独で考えるものではなく、品質・工程と密接に関係しています。施工管理業務は密接に関係していて「早く・安く・良いもの」を安全につくるために、施工管理という仕事があるのです。

第10章

土木法規

土木工事を進めていくためには建設業法、労働基準法、安全衛生法など、さまざまな法律が関係しています。法律を学ぶことで自分の身を守ることにつながります。本章では、工事を進めるうえで最低限知っておくべき土木工事に関連する法律をしっかりと理解しましょう。

10-1 建設業法

●建設業法の目的（建設業法第１章）

建設業法は次の４つの目的を達成するために、定められた法律です。

・建設工事の適正な施工を確保
・発注者の保護
・建設業の健全な発達の促進
・公共の福祉の増進に寄与する

建設業法は次の２つを手段としています。

・建設業を営む者の資質の向上
・建設工事の請負契約の適正化

建設業に携わるすべての人は建設業法を遵守し、職務を全うすることで最終的な目的である「公共の福祉」の増進に寄与するものとされています。

建設業法 第１章 第１条

建設業法で、「建設業を営む者の資質の向上、建設工事の請負契約の適正化等を図ることによって、建設工事の適正な施工を確保し、発注者を保護するとともに、建設業の健全な発達を促進し、もって公共の福祉の増進に寄与すること」と定められている。（第１条）

●建設業の許可（第２章）

建設業を営む者は建設業の許可が必要です。有効期限は５年となるため５年毎に更新が必要です。大臣許可と都道府県知事の許可に分かれます。

表 10-1-1　建設業の許可

国土交通大臣許可	２つ以上の都道府県に営業所を設けて営業しようとする場合。
都道府県知事の許可	１つの都道府県の区域内のみで営業所を設けて営業しようとする場合。

さらに、一般建設業の許可と特定建設業の許可の２つに分けられます。以下の要件に該当する企業は、特定建設業の許可を受ける必要があります。

特定建設業の許可

発注者から直接工事を請け負い、その工事の全部または一部を下請け代金が3,000 万円以上の下請契約を終結して施工しようとする者が受けるもの。

上述の内容に該当しないものは、一般建設業の許可で営業を行うことが可能です。なお、建設業全28業種のうち、以下の7業種を**指定建設業**といいます。

土木工事業、建設工事業、電気工事業、管工事業、鋼構造物工事業、
舗装工事業、造園工事業

●施工技術の確保（建設業法第４章）

施工技術を確保するためには、以下の技術者の配置を行う必要があります。

技術者の配置（主任技術者）

建設業者は、その請け負った建設工事を施工するとき、工事の施工の技術上の管理をつかさどる者として、一定の資格を有する主任技術者を置かなければならない。

技術者の配置（監理技術者）

発注者から直接工事を請け負った特定建設業者は、下請契約の金額の合計が4,000万円以上の場合は、工事の施工の技術上の管理をつかさどる者として、一定の資格を有する監理技術者を置かなければならない。

また、公共性のある施設もしくは工作物または多数の者が利用する施設もしくは工作物に関する重要な建設工事で、工事1件の請負金額が3,500万円以上のものについては、工事の安全かつ適正な施工を確保するため工事現場に配置する主任技術者または監理技術者は専任の者とすると、定められています。これは、元請けだけでなく下請負人も対象となります。

i-Construction

i-Constructionとは、今後ますます人手不足になる建設業でICTを活用して建設業の生産性向上を目指す国土交通省の取り組みです。その中では3つの代表的な施策が掲げられています。中でもICT土工ではすべての建設プロセスでICTや3Dデータを活用して業務の改革を目指すとしています。丁張がなくても3Dデータで施工基面が可視化され転圧状況の管理や出来形の管理ができ、ドローンを使った写真撮影で高さや面積などの出来形が確認できるので、書類の作成や測定の時間を大幅に短縮可能。人手不足の状態でも生産性を向上させるために業界をあげて新技術の開発と導入を目指しています。

10-2 労働基準法

●労働基準法の目的（労働基準法第１章）

労働条件の最低基準を定める法律で1947年に制定されました。

労働基準法第１章

> 労働者が持つ生存権の保障を目的として、労働条件や賃金、労働時間、休日および年次有給休暇、災害補償、就業規則などの項目について、労働条件としての最低基準を定めている。

●労働契約

使用者と労働者に分けられ、使用者とは事業主または事業の経営担当者のことで、契約期間は３年を超える契約を結んではならないとされています。

また、労働条件について次の５つの条件を明示しなければなりません。

①労働契約の期間
②勤務する場所および従事する常務
③始業および就業の時間、時間外勤務の有無、休憩時間、休暇並びに労働者の終業時
④賃金の決定、計算および支払いの方法、賃金の締め切りおよび支払いの時期
⑤ 退職に関する内容

④以外については、書面の交付を行い、使用者に明示を行う必要があります。

●解雇について

労働者を解雇するにも制限や予告を行う必要があります。原則として、合

理的な理由がなければ解雇は無効とされています（労働契約法）。さらに、突然解雇することはできず、少なくとも30日の期限を設けなければならないとされています。

●賃金について

賃金の支払いについても、通貨、直接労働者、その全額、毎月1回以上、一定の期日に支払うという原則が定められています。

休業手当として、使用者の責に期すべき事由による休業の場合は手当てを受け取ることができます。使用者は休業期間中、平均賃金の60%の手当てを支払わなければなりません。

●労働時間

労働基準法では、労働時間についても定めています。労働時間は休憩時間を除いて1週間で40時間、1日8時間を超えて労働させてはならないとされ、労働時間が6時間を超える場合は45分、8時間を超える場合は1時間の休憩時間を与えることと定められています。また、休日は毎週少なくとも1日あるいは4週間を通じて4日以上と定められています。

使用者は年次有給休暇として、雇い入れの日から6か月以上継続して勤務し、全労働時間の8割以上出勤した労働者に対して、原則として最低10日の有給休暇を付与しなければなりません。

10-3 労働安全衛生法

●労働安全衛生法の目的（労働安全衛生法第１章）

労働安全衛生法は、以下の目的を達成するために定められた法律です。

・職場における労働者の安全と健康の確保
・快適な職場環境の形成の促進

また、次の３つを手段としています。

・労働災害の防止のための危害防止基準の確立
・責任体制の明確化
・防止に関する総合的計画的な対策を推進

労働基準法が昭和22年に定められていましたが、昭和30から40年代の急激な社会情勢の変化による労働災害の防止を強化するために、安全衛生の法制を目的として昭和47年に労働安全衛生法が制定されました。

労働基準法

> 労働基準法（昭和二十二年法律第四十九号）と相まって、労働災害の防止のための危害防止基準の確立、責任体制の明確化及び自主的活動の促進の措置を講ずる等その防止に関する総合的計画的な対策を推進することにより職場における労働者の安全と健康を確保するとともに、快適な職場環境の形成を促進することを目的とする。

●用語の解説（労働安全衛生法第２章）

労働安全衛生法で、労働災害、労働者、事業者について定義を定めています。

●安全衛生管理体制

統括安全衛生管理者

業者は、常時100人以上の労働者を使用する場合、事業所ごとに統括安全衛生管理者を選任する必要があります。統括安全衛生管理者は、安全管理者、衛生管理者または救護に関する技術的事項を管理する者を指揮しなければなりません。また、次の5つの業務を行うことが定められています。また、統括安全衛生管理者が不在の場合は代理人を立てる必要があります。

統括安全衛生管理者の行う業務

①労働者の危険又は健康障害を防止するための措置に関すること。
②労働者の安全又は衛生のための教育の実施に関すること。
③健康診断の実施その他健康の保持増進のための措置に関すること。
④労働災害の原因の調査及び再発防止対策に関すること。
⑤前各号に掲げるもののほか、労働災害を防止するため必要な業務で厚生労働省令で定めるもの。

安全衛生管理者

常時50人以上の労働者を使用する場合、事業場における安全および衛生を確保するために安全管理者を選任しなければなりません。安全管理者は、安全に関する技術的な事項の管理を行います。安全管理者に必要な資格は、次の4つとなります。

①大卒・高専の理系卒業後、実務経験2年以上
②高校の理系卒業後、実務経験4年
③労働安全コンサルタントの資格保持者
④厚生労働大臣の定めるもの

また、安全管理者は14日以内に選任し、所轄の労働基準書に届け出る必要があります。

10-4 道路関係法令

●道路法

道路法は以下の目的のために昭和27年に制定されました。

道路法の目的

> 道路網の整備を図るため、道路に関して、路線の指定及び認定、管理、構造、保全、費用の負担区分等に関する事項を定め、もって交通の発達に寄与し、公共の福祉を増進することを目的とする。

一般に**道路**とは、一般公衆の通行の用に供せられる構造物のことです。なお、道路法以外にもさまざまな法律で道路を定めていますが、道路法で定める「道路」とは、一般交通の用に供する道のことです。道路法では、次に示す4種類を道路として定めています。

①高速自動車国道
②一般国道
③都道府県道
④市町村道

●道路管理者

道路法第18条の規定によって道路法の道路を管理する者を**道路管理者**といい、道路管理者は道路を健全な状態に保たなければならないとされています。道路管理者は国道の新設または改築および国道の維持、修繕は国土交通大臣となります。都道府県道の管理は、その路線が存ずる都道府県、市町村道の管理は、その路線の存在する市町村となります。

●車両制限令

車両について、道路法以外にも車両制限令で定められています。ここでいう**車両**とは、自動車、原動機付自動車、軽車両およびトロリーバスのことをいいます。幅（2.5m）、長さ（12m）、重量（総重量 20t）、高さ（3.8m）、最小回転半径（車両の外側のわだちで 12m）の車両制限があります。

重量については、軸重 10t 輪荷重 5t と定められていますが、高速自動車道または道路管理者が指定した道路を通行する車両は 25t です。高さについては、道路管理者が指定した道路を通行する場合は 4.1m まで認められます。なお、特殊車両の特例として車両制限を超えて道路を通行する場合は、道路管理者の許可を得ることで通行が可能になります。

●道路交通法

道路交通法は道路における危険の防止と、道路の交通に起因する障害を防ぎ交通の安全と円滑化を目的として、昭和 35 年に制定されました。

道路交通法第１条

> この法律は、道路における危険を防止し、その他交通の安全と円滑を図り、及び道路の交通に起因する障害の防止に資することを目的とする。（第１条）

道路交通法では工事関係について、信号機・道路標識または類似工作物の設置、信号機・道路標識の効用を妨げる工作物などの設置禁止、交通の妨害となるような方法で物件を設置、公安委員会が道路における交通の危険を生じさせ、または著しく交通の妨害となるおそれがあると認めた行為などを禁止しています。

10-5 建設リサイクル法

●建設リサイクル法の目的（建設リサイクル法第１章）

建設リサイクル法は、建設工事に係る資材の再資源化等に関する法律で以下の内容を目的として、平成 12 年に制定されました。

建設リサイクル法 第１条

> 特定の建設資材について、その分別解体等及び再資源化等を促進するための措置を講ずるとともに、解体工事業者について登録制度を実施すること等により、再生資源の十分な利用及び廃棄物の減量等を通じて、資源の有効な利用の確保及び廃棄物の適正な処理を図り、もって生活環境の保全及び国民経済の健全な発展に寄与することを目的とする。（第１条）

●建設リサイクル法の対象工事

この法律では、**特定建設資材**（図 10-5-1）を用いたある一定規模以上の工事（解体を含む）において特定建設資材の分別解体および再資源化等を義務付けています。特定建設資材廃棄物は次のように分類されます。

①建設発生木材
②アスファルト塊
③アスファルト・コンクリート塊
④コンクリート塊

また、分別解体等および再資源化等の実施義務の対象となる建設工事の規模に関する基準については、以下のとおりです。

- 建築物の解体工事では床面積 $80m^2$ 以上
- 建築物の新築または増築の工事では床面積 $500m^2$ 以上

・建築物の修繕・模様替え等の工事では請負代金が1億円以上
・建築物以外の工作物の解体工事または新築工事などでは請負代金が500万円以上

図 10-5-1　特定建設資材

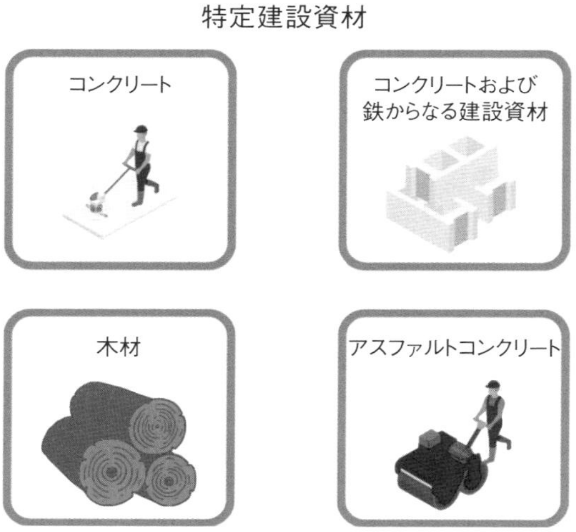

●提出書類

工事着手の7日前までに発注者から都道府県知事に対して分別解体等の計画等を届け出ることを義務付けたほか、対象建設工事の請負契約の締結にあたっては、解体工事に要する費用や再資源化等に要する費用を明記することを義務付けられています。適正な解体工事の実施を確保する観点から、解体工事業者の都道府県知事への登録が義務付けられました。建設リサイクル法の概要を図 10-5-2 に示します。

図 10-5-2 建設リサイクル法

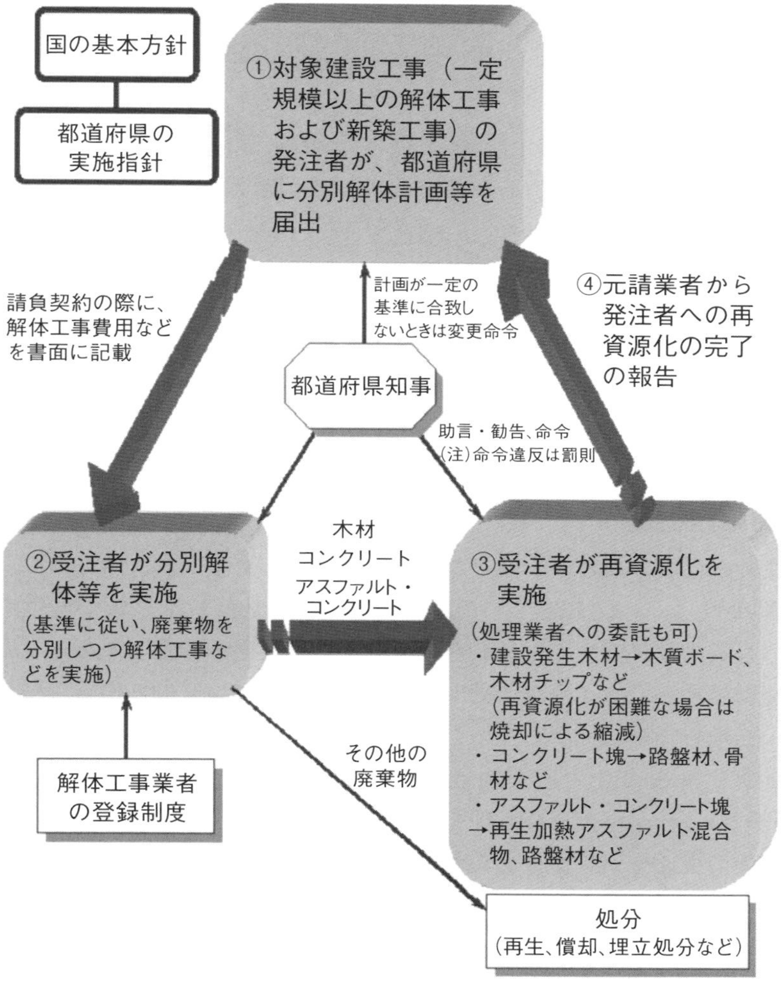

出典：環境省ホームページ

10-6 廃棄物処理法

●廃棄物処理法の目的（廃棄物処理法第 1 章）

廃棄物処理法は、廃棄物の処理および清掃に関する法律で以下の内容を目的として、昭和 45 年に制定されました。

廃棄物処理法 第１条

廃棄物の排出を抑制し、及び廃棄物の適正な分別、保管、収集、運搬、再生、処分等の処理をし、並びに生活環境を清潔にすることにより、生活環境の保全及び公衆衛生の向上を図ることを目的とする。（第１条）

●産業廃棄物とは

廃棄物とはごみなど固形状または液状の不要なもので、大きく分けると「産業廃棄物」と「一般廃棄物」の 2 種類です（図 10-6-1)。工事で発生する廃棄物は事業活動に伴って生じるものであるため、産業廃棄物となります。

廃棄物処理法では「事業活動に伴って生じた廃棄物を自らの責任において適正に処理しなければならない」とされ、廃棄物の排出事業者責任を強く求めています。 排出した廃棄物の処理を委託した場合であっても、この業務を受託した会社が不適正な処理を行っていると、委託者側にも排出者として、原状回復の責任や罰金が科せられることがあります。

●産業廃棄物の分類

産業廃棄物は、廃棄物処理法施行令で燃え殻など 20 種類の廃棄物であると定められています（図 10-6-1)。

図 10-6-1　廃棄物の分類

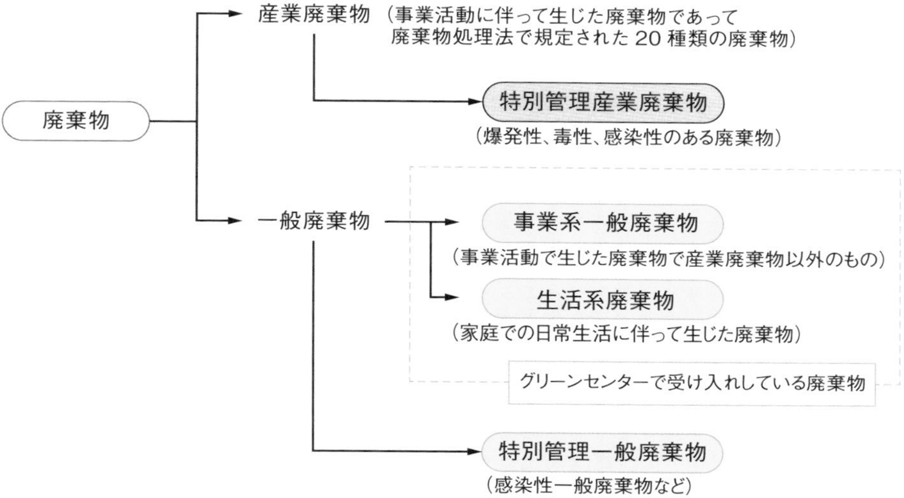

提供：松任石川環境クリーンセンター

●廃棄物の責任

廃棄物処理法で産業廃棄物の処理責任は、排出事業者が適切に処理する必要があると定めています。なお、一般廃棄物の処理責任は各自治体と定められています。排出事業者は、排出した産業廃棄部とは処理基準に則って自ら処理することが原則として定められています。しかし、委託の基準に従って産業廃棄物の処理の許可を有する者に委託することができるため、一般的には委託を行い処理します。

道の駅

道の駅が近年盛り上がりを見せています。著者が転勤で全国各地を訪れた中でも、ウミガメがいる「紀宝町ウミガメ公園」という道の駅は、無料でウミガメが見ることができて子供も大喜びでした。そんな道の駅ですが、「休憩」「情報発信」「地域の連携」の３つの機能を併せ持つ施設として1993年に発足したのが始まりです。当初は通過する道路の利用者に向けたサービスとして展開。近年では農業、観光、福祉、防災など地域の拠点として、それぞれの地域の魅力を生かした取り組みが全国各地で行われています。2013年から災害の頻発や激甚化、少子高齢化などを背景とし、「地域の拠点として機能の強化やネットワーク化を重視」する第２ステージに突入。さらに、2019年には第３ステージとして国土交通省から「今後の道の駅のあり方」について提言があり、そこで語られたのが「地方創生と観光を加速させる拠点」となることでした。現在は「世界観光」「防災」「地域の活性化」を３本柱に、さまざま取り組みが行われています。その中の１つが「防災道の駅」認定制度です。2020年から導入され、都道府県の地域防災計画などで広域的な防災拠点に位置づけられている道の駅を認定し、重点的な支援を行っています。今や地域住民や道路の利用者、外国人観光客などに安心・安全を提供する欠かせない施設です。2020年３月で約1,200駅が登録され、なんと年間２億人以上が利用。今後ますます発展する「道の駅」にご注目です。

●参考文献

『ゼロから学ぶ土木の基本』内山久雄 監修 内山雄介 著　水理学　オーム社　2013
『ネビルのコンクリートバイブル』 A.M.Neville 著 三浦尚 訳　技報堂出版　2004
『基礎から学ぶ鉄筋コンクリート工学』 宮澤伸吾 他著　朝倉書店　2009
『土木現場実用語辞典』藤田圭一 監修　井上書院　1993
『水理学 改訂増補版』小川元・山本忠幸 著　共立出版　1968
『公共工事積算学』國島正彦・福田昌史 著　山海堂　1994
『橋梁工学』長井正嗣 著　共立出版株式会社　1994
『トコトンやさしい土木技術の本』溝渕利明 著　日刊工業新聞社　2021
『わかりやすい土木の実務』速水洋志 著　オーム社　2008
『監理技術者講習テキスト』一般財団法人 建設業振興基金　2019
『土の力学』河野伊一郎・八木則男・吉国洋 編著　技報堂出版　1990
『土質力学』足立格一郎 著　共立出版株式会社　2002
『道路が一番わかる』窪田陽一 監修　技術評論社　2009
『使える！土木工学』新川隆夫・吉川正・鬼木剛一 他著　株式会社エクスナレッジ　2009
『よくわかる最新土木技術の基本と仕組み』五十畑弘 著　株式会社秀和システム　2014
『コンクリート構造工学』戸川一夫 他著　森北出版株式会社　1999
『ゼロから学ぶ土木の基本　構造力学』内山久雄 監修 佐伯昌之 著　オーム社　2012
『建設材料』戸川一夫 編著　森北出版株式会社　1998
『監理技術者必携』一般財団法人全国建設研修センター 著　一般財団法人全国建設研修センター　2021
『構造力学を学ぶ 基礎編』米田昌宏 著　森北出版株式会社　2003

●謝辞

本書の執筆にあたり、下記の方々に協力をいただきました。
改めて感謝の意を表します。(敬省略)

[イラスト] GNA シンノスケ、みちぽっぽ、しものん、なミタつ
[図・写真] 一般財団法人全国建設研修センター、国土交通省総合政策局建設経済統計調査室、国土交通省中部地方整備局浜松河川国道事務所、独立行政法人水資源機構阿木川ダム管理所、一般社団法人中津耶馬溪観光協会、塚本敏行、東京湾横断道路株式会社、草野作工株式会社、土木学会、建設業労働災害防止協会、国土交通省ホームページ、環境省ホームページ、松任石川環境クリーンセンター

用語索引

英数

ア行

カ行

サ行

タ行

ナ行

ハ行

マ行

ヤ行

ラ行

■著者紹介

佐藤　拓真（さとう　たくま）

私立の理系大学の土木工学科卒業後、準大手ゼネコンに就職。橋梁下部工、橋梁上部工、トンネル工事を経験。１級土木施工管理技士の資格取得。災害復興に伴う国道の工事で橋梁下部工事に従事する。2020 年 11 月からブログ『つちとき』の執筆開始。「元ゼネコンマンによる土木工学と建設業の魅力を発信するブログ」として運営中。

●装丁　　中村友和（ROVARIS）

●編集＆ DTP　　株式会社エディトリアルハウス

しくみ図解《ずかい》シリーズ

土木工事《どぼくこうじ》が一番《いちばん》わかる

2023 年 2 月 28 日　初版　第 1 刷発行

著　者　佐藤　拓真

発行者　片岡　巌

発行所　株式会社技術評論社

東京都新宿区市谷左内町 21-13

電話　03-3513-6150　販売促進部

03-3267-2270　書籍編集部

印刷／製本　株式会社加藤文明社

定価はカバーに表示してあります。

ISBN978-4-297-13328-3 C3051

Printed in Japan

本書の内容に関するご質問は、下記の宛先まで書面にてお送りください。お電話によるご質問および本書に記載されている内容以外のご質問には、一切お答えできません。あらかじめご了承ください。

〒162-0846

新宿区市谷左内町 21-13

株式会社技術評論社 書籍編集部

「しくみ図解」係

FAX：03-3267-2271